Peter Albrecht

Die numerische Behandlung gewöhnlicher Differentialgleichungen

Die numerische Behandlung gewöhnlicher Differentialgleichungen

Eine Einführung
unter besonderer Berücksichtigung
zyklischer Verfahren

von
Peter Albrecht

Akademie-Verlag · Berlin 1979

Erschienen im Akademie-Verlag, DDR-108 Berlin, Leipziger Straße 3-4

Lizenznummer: 202 · 100/550/79
Bestellnummer: 762 7185 (6547) · LSV 1065
Druck: Georg Wagner, Nördlingen
Buchbinderische Verarbeitung: VEB Druckhaus »Maxim Gorki«, DDR-74 Altenburg
DDR 32,– M

Vorwort

Dieses Buch enthält eine Einführung in die theoretischen und praktischen Aspekte der numerischen Behandlung von Anfangswertproblemen bei gewöhnlichen Differentialgleichungen. Da keine speziellen Vorkenntnisse vorausgesetzt werden - wohl aber ein Interesse an Numerischer Analysis - ist es Studenten der Mathematik oder der technischen Wissenschaften vom 2. Studienjahr an zugänglich; gedacht ist diese Darstellung jedoch in erster Linie für eine Spezialvorlesung einführenden Charakters *nach* dem Grundstudium, d.h. ab dem 3. Studienjahr.

Leser, die zunächst nur an einem Überblick über die vorhandenen numerischen Verfahren interessiert sind, können sich nach Kapitel 1 dem praktischen Teil des Buches - bestehend aus den Kapiteln 8 bis 10 - zuwenden und die erforderlichen theoretischen Kenntnisse nach Bedarf aus dem theoretischen Teil - das sind die Kapitel 2 bis 7 - nachholen und ergänzen, unterstützt durch das sehr ausführliche Indexregister.

Die numerische Behandlung gewöhnlicher Differentialgleichungen ist eines der für die Praxis wichtigsten Gebiete der Numerischen Analysis; es verwundert daher nicht, wenn mehrere, sehr gute Darstellungen hierüber existieren, an erster Stelle das klassische, vor 16 Jahren erschienene und in vielem noch heute vorbildliche Buch von Henrici |39| sowie die Monographie von Stetter |78|, die einen für Anfänger schwierigen, in ihrer Vollständigkeit aber unübertroffenen Abriß dieses Gebietes gibt. Daneben seien die Darstellungen von Gear |31|, Grigorieff |36|, Lambert |49| und Shampine/Gordon |67| empfohlen, die den Gegenstand mit zum Teil recht unterschiedlichen Schwerpunkten behandeln.

Die Besonderheit der vorliegenden Darstellung liegt in ihrem theoretischen Ansatz, der es erlaubt, zyklische (und allgemeinere mehrstufige) Verfahren in einfacher Form zu behandeln, und der auch die klassische Theorie in einigen Punkten neu beleuchtet.

Zyklische Verfahren wurden 1971 von Donelson und Hansen |21| vorgeschlagen und sind seither in zahlreichen Arbeiten behandelt worden. *Theoretische* Untersuchungen lassen erwarten, daß sie den klassischen Verfahren überlegen sein werden, jedoch ist es für eine endgültige Bewertung ihrer *praktischen* Verwendbarkeit noch zu früh; hierzu sind ausführliche Tests und vergleichende Untersuchungen erforderlich, die noch ausstehen. Dieses Buch soll dazu anregen und die theoretische Basis und das Instrumentarium hierfür bereitstellen.

Die Darstellung basiert in großen Teilen auf einer Notation, die ich schon in einer früheren Darstellung |3| benutzt habe und welche die einheitliche Behandlung einer sehr großen Klasse von Verfahren, der "$\hat{A}$-Verfahren", erlaubt. Diese (von einer Matrix $\hat{A}$ abhängenden) Verfahren werden in *Kapitel 1* definiert, und es wird gezeigt, daß fast alle für die Praxis relevanten Verfahren $\hat{A}$-Verfahren sind. In *Kapitel 2 und 3* werden Konsistenz und Stabilität definiert, und *Kapitel 4* behandelt die Frage nach einem "besten" Stabilitätsbegriff. Hier werden die Untersuchungen |76| |77| von Spijker über die Struktur von Fehlerabschätzungen verallgemeinert bzw. ergänzt und ein Stabilitätsbegriff eingeführt (Paragraph 4.2.), der in zweierlei Hinsicht von praktischer Bedeutung ist: Er ist insofern optimal, als er die besten *zweiseitigen* Fehlerabschätzungen für alle $\hat{A}$-Verfahren liefert (Satz 4.4.2.), und aus ihm läßt sich ein zentrales Ergebnis über die Ordnung von $\hat{A}$-Verfahren ableiten (Korollar 4.5.7.), dessen Anwendung auf zyklische Verfahren in *Kapitel 5* zu einer neuen theoretischen Begründung und einem tieferen Verständnis zyklischer Verfahren hoher Ordnung führt und ihre praktische Berechnung erleichtert.

Die *Kapitel 6 bis 9* enthalten klassische Ergebnisse und Verfahren, bei deren Darstellung ich mich oft auf die schon erwähnte Monographie von Stetter gestützt habe, notwendigerweise mit großen Abstrichen bezüglich Vollständigkeit und Genauigkeit, bedingt durch die viel engere Zielsetzung einer Einführung. In *Kapitel 10*, schließlich, werden zahlreiche, zum Teil neue, zyklische Verfahren angegeben und in *Kapitel 11* ein Überblick über existierende Programmpakete.

Ich habe mich bemüht, möglichst vieles durch Beispiele zu erläutern; gelegentlich wurde sogar auf eine vollständige Beweisführung zugunsten einer Erläuterung am Beispiel verzichtet, ausgehend von der Erfahrung, daß dieses Vorgehen dem Verständnis oft besser dient als strenger Formalismus.

Eine rudimentäre Version dieses Buches benutzte ich im WS 1975/76 als Vorlage für eine Vorlesung an der Universität Dortmund und eine (fast) endgültige Version im Herbt 1977 im graduate Programm des Departments für Informatik der Pontifícia Universidade Católica (PUC) von Rio de Janeiro. Die Vorarbeiten entstanden im Rahmen meines Forschungsvorhabens am Institut für Festkörperforschung der Kernforschungsanlage Jülich, das Buch selbst während eines einjährigen Aufenthalts von Mai 1977 bis April 1978 an der PUC in Rio de Janeiro. Beiden Institutionen danke ich für wertvolle Unterstützung; insbesondere ließen das vorbildliche Arbeitsklima im Department für Informatik der PUC und die freundschaftliche Unterstützung durch seinen Direktor, Carlos José de Lucena, viele Schwierigkeiten und Hindernisse vergessen.

Zu danken habe ich auch M.N. Spijker und H.J. Stetter für anregende Korrespondenz und ganz besonders meinem Mitarbeiter K. Mika, der - trotz erheblicher Arbeitsbelastung durch meine Vertretung und seine eigenen Arbeiten - meine Manuskripte kritisch durchgesehen und dabei viele Ungenauigkeiten und Fehler aufgedeckt und zahlreiche Anregungen gegeben hat. Die zur Berechnung vieler zyklischer Verfahren notwendigen Rechnerprogramme wurden von den mathematisch-technischen Assistenten meiner Gruppe in Jülich geschrieben, insbesondere von L. Schätzler, U. Hirdes und K. Wingerath sowie von Jorge Y. Kakitani an der PUC. Verpflichtet bin ich auch meiner Sekretärin, Frau Ch. Lackes, für Geduld und Mühe beim ständigen Hin- und Her fast unleserlicher Manuskripte zwischen der Bundesrepublik Deutschland und Brasilien sowie die sichtbare Perfektion bei ihrer Umsetzung in Lesbares. Dem Herausgeber dieser Reihe, Herrn J. Heinhold, danke ich für seine Unterstützung und die Förderung dieser Arbeit und dem Hanser Verlag für das Verständnis für die verzögerte Fertigstellung.

Jülich, Mai 1978 Peter Albrecht

Inhalt

Vorwort V

1. Grundlegende Begriffe und Definitionen

1.1. Problemstellung 1
1.2. Verfahrenstypen 2
1.3. Beispiele 6
1.4. $\hat{A}$-Verfahren 7
1.5. Beispiele und Sätze 9

2. Konsistenz

2.1. Definition der Konsistenz 14
2.2. Beispiele 15
2.3. Konsistenzsätze 19
2.4. Der Konsistenzbegriff bei $\hat{A}$-Verfahren 22

3. Stabilität und Konvergenz

3.1. Ein Beispiel 24
3.2. Definition der Stabilität 26
3.3. Konvergenz 29

4. Optimale Stabilitätsfunktionale

4.1. Vorbemerkungen 31
4.2. $\tilde{A}$-Stabilität 32
4.3. Anwendungen des Satzes 4.2.3. und Beispiele 35
4.4. Definition eines optimalen Stabilitätsfunktionals 42
4.5. Stabilitätsfunktionale maximaler Ordnung 44
4.6. Ergänzende Bemerkungen 49

5. Anwendungen auf zyklische Verfahren

5.1. Einführende Beispiele 52
5.2. M-zyklische k-Schrittverfahren maximaler Ordnung 54
5.3. Beispiele 57
5.4. Block-implizite Verfahren 60

6. Stabilität eines Differentialgleichungsproblems 63

7. Stabilität bei fester Schrittweite h

7.1. Vorbemerkungen 65
7.2. Stabilitätsbereiche 67
7.3. Beispiele 75

8. Einschrittverfahren

8. 1. Konvergenz von Einschrittverfahren 80
8. 2. Verfahren mit Ableitungen 82
8. 3. Explizite Runge-Kutta-Verfahren 83
8. 4. Explizite RK-Formeln mit r=1,2,3 Stufen 84
8. 5. (4,4)-Runge-Kutta-Verfahren 88
8. 6. Runge-Kutta-Formeln höherer Ordnung 91
8. 7. Schrittweitensteuerung 94
8. 8. Schrittweitensteuerung durch Richardson-Extrapolation 95
8. 9. Schrittweitensteuerung durch eingebettete Verfahren 96
8.10. Ein Test auf Steifheit 101
8.11. Implizite Runge-Kutta-Verfahren 103
8.12. Bemerkungen zur praktischen Anwendung der RK-Verfahren 109

9. Lineare Mehrschrittverfahren

9. 1. Konvergenz von linearen k-Schrittverfahren 112
9. 2. Klassische explizite Mehrschrittverfahren 113
9. 3. Klassische implizite Mehrschrittverfahren 115
9. 4. Berechnung allgemeiner linearer Mehrschrittverfahren 119
9. 5. Parametrisierung linearer Mehrschrittverfahren 122
9. 6. Die Konsistenzordnung von P-C-Verfahren 126
9. 7. Stabilitätsbereiche von P-C-Verfahren 128
9. 8. Abschätzung des lokalen Fehlers bei P-C-Verfahren 132
9. 9. Die Richardson-Extrapolation 134
9.10. Der Extrapolationsalgorithmus von Gragg-Bulirsch-Stoer 137

10. Lineare zyklische Verfahren

10.1. Konvergenz zyklischer Verfahren 140
10.2. Zur Konstruktion zyklischer Verfahren hoher Konvergenzordnung 146
10.3. Zyklische k-Schrittverfahren maximaler Konvergenzordnung 150
10.4. Zur Konstruktion steif-stabiler, zyklischer Verfahren 156
10.5. Spezielle, steif-stabile, zyklische Verfahren 160
10.6. A-stabile, block-implizite Verfahren 167
10.7. Äquivalente Â-Verfahren 173

11. Zur Wahl eines "besten" Integrationsprogramms 180

Literatur 182

weiterführende Literaturhinweise 190

Index 191

1. Grundlegende Begriffe und Definitionen

1.1. Problemstellung

Im folgenden behandeln wir Methoden zur numerischen Lösung von Anfangswertaufgaben für Differentialgleichungssysteme 1. Ordnung der Form

$$T[y](x):=y'(x)-f(x,y(x))=\sigma \; ; \quad y(a)=\eta_0 \qquad (1.1)$$
$$\eta_0 \in \mathbb{R}^n \; ; \quad f:[a,b]\times\mathbb{R}^n \to \mathbb{R}^n .$$

Es sei stets vorausgesetzt, daß f im Gebiet $G:=\{(x,y)\,|\,a\le x\le b;\; y\in\mathbb{R}^n\}$ stetig ist und dort der Lipschitzbedingung

$$|f(x,y_1)-f(x,y_2)| \le L|y_1-y_2| \qquad (1.2)$$

genügt[1)] mit einer von x,y_1,y_2 unabhängigen Konstanten $L\ge 0$. (1.1) hat dann bekanntlich eine eindeutige, einmal stetig differenzierbare Lösung in G. Differentialgleichungen höherer Ordnung können stets auf Systeme erster Ordnung zurückgeführt werden; (1.1) stellt daher keine Einschränkung dar.

Um die Notation nicht unnötig zu komplizieren, *beschränken wir unsere Darstellung jedoch auf den Fall n=1*, d.h. auf *skalare* Differentialgleichungen der Form (1.1). Die Verallgemeinerung auf n>1 ist zumeist offensichtlich; dort wo sie es nicht ist, werden spezielle Hinweise gegeben.

Man beachte, daß sich viele Definitionen und Sätze auf andere Diskretisierungsprobleme übertragen lassen; außer einer kurzen Erläuterung dieser Möglichkeit am Beispiel eines partiellen Differentialgleichungsproblems verzichten wir aber aus didaktischen Gründen auf eine allgemeinere Darstellung.

---

1) $|\cdot|$ bezeichnet im folgenden stets die Maximumnorm in $\mathbb{R}^s$, wobei s jeweils aus dem Zusammenhang ersichtlich ist.

Die Diskretisierungsverfahren zur numerischen Behandlung von (1.1) bestehen im allgemeinen darin, die Lösung y(x) an den Stellen $x=x_j$ eines Punktegitters

$$I_h:=\left\{x_j=a+jh \mid j=o(1)m\ ;\quad m=\left[\frac{b-a}{h}\right]\right\} \tag{1.3}$$

durch Näherungswerte y_j^* zu approximieren, indem man den Differentialoperator T in (1.1) in geeigneter Weise durch einen Differenzenoperator T_h ersetzt und die y_j^* aus dem resultierenden System von Differenzengleichungen bestimmt. Im folgenden bezeichnet y stets die *exakte Lösung* des betrachteten Problems und y^* ihre *Näherung*.

1.2. Verfahrenstypen

Approximiert man zum *Beispiel*

$$T[y](x_j):=y'(x_j)-f(x_j,y(x_j))$$

durch $$T_h[y](x_j):=\frac{y(x_j)-y(x_{j-1})}{h}-f(x_{j-1},y(x_{j-1}))\ ,$$

so geht das Problem (1.1) über in die Differenzengleichung

$$y_o^*=\eta_o;\quad y_j^*=y_{j-1}^*+hf(x_{j-1},y_{j-1}^*),\quad j=1(1)m, \tag{1.4}$$

aus der die Näherungen y_j^* (j=1(1)m) nacheinander berechnet werden können.

(1.4) ist das *Verfahren von Euler*, das einfachste aller "Einschrittverfahren".

1.2.1. Definition

Lassen sich die Näherungen y_j^*, j=k(1)m, aus einer Gleichung der Form $T_h[y^*](x_j)=\sigma$ und k *Startwerten* $y_j^*=\eta_j(h)$, j=o(1)k-1, berechnen, so spricht man von einem *k-Schrittverfahren*, bei k=1 insbesondere von einem *Einschrittverfahren*, bei k>1 von einem *Mehrschrittverfahren*.

1.2.2. In Kapitel 8 werden wir Einschrittverfahren der Form

$$T_h[y^*](x_j):=h^{-1}\{y^*_j-y^*_{j-1}-h\phi(x_{j-1},y^*_{j-1};h)\}=\sigma; \quad y^*_o=\eta_o \qquad (1.5)$$
$$j=1(1)m$$

ableiten und in Kapitel 9 Mehrschrittverfahren der Form

$$T_h[y^*](x_j):=h^{-1}\{\alpha_k y^*_j+\alpha_{k-1}y^*_{j-1}+\ldots+\alpha_o y^*_{j-k}-h(\beta_k f^*_j+\ldots+\beta_o f^*_{j-k})\}=\sigma$$
$$j=k(1)m \qquad (1.6)$$

mit $y^*_j=\eta_j(h)$, $j=o(1)k-1$; $h|\beta_k|L<1$,
$f^*_j:=f(x_j,y^*_j)$; $\alpha_k=1$; $|\alpha_o|+|\beta_o|\neq 0$, $\alpha_\ell,\beta_\ell\in\mathbb{R}$,

wobei die $\eta_j(h)$ in einer Anlaufrechnung mittels anderer Verfahren (i.allg. Einschrittverfahren) berechnet werden.

1.2.3. Definition

Ein Verfahren der Form (1.6) heißt *lineares k-Schrittverfahren*; für $\beta_k=0$ heißt es *explizit*, für $\beta_k\neq 0$ *implizit* (denn y^*_j ist in diesem Fall noch in $f^*_j=f(x_j,y^*_j)$ enthalten). Die Polynome

$$\rho(\mu)=\alpha_k\mu^k+\alpha_{k-1}\mu^{k-1}+\ldots+\alpha_1\mu+\alpha_o \quad ; \quad \alpha_k=1 \qquad (1.7a)$$

$$\sigma(\mu)=\beta_k\mu^k+\beta_{k-1}\mu^{k-1}+\ldots+\beta_1\mu+\beta_o \qquad (1.7b)$$

nennt man *erzeugende Polynome* des Verfahrens.

Ein lineares Mehrschrittverfahren mit den erzeugenden Polynomen ρ und σ bezeichnen wir im folgenden vielfach mit $M(\rho,\sigma)$. Falls nichts anderes gesagt, werden ρ und σ *teilerfremd* vorausgesetzt.

1.2.4. Bei *impliziten* Verfahren ist für jedes j=k(1)m noch eine Iteration erforderlich. Den Startwert $y_j^{*(o)}$ hierfür verschafft man sich i.allg. mittels einer *expliziten* Mehrschrittformel. In diesem Zusammenhang nennt man die explizite Formel *Prädiktor*, die implizite Formel *Korrektor*. Ein *Prädiktor-Korrektor-Verfahren* (P-C-Verfahren) hat somit die Form:

Prädiktor:

$$y_j^{*(o)} = -\sum_{\ell=o}^{k-1} a_\ell y^*_{j-k+\ell} + h\sum_{\ell=o}^{k-1} b_\ell f^*_{j-k+\ell}, \quad j=k(1)m, \tag{1.8a}$$

Korrektor:

$$y_j^{*(i)} = -\sum_{\ell=o}^{k-1} \alpha_\ell y^*_{j-k+\ell} + h\sum_{\ell=o}^{k-1} \beta_\ell f^*_{j-k+\ell} + h\beta_k f(x_j, y_j^{*(i-1)}) \tag{1.8b}$$

$$y_j^* := y_j^{*(s)} \qquad i=1(1)s.$$

(1.8b) hat die Gestalt $y_j^{*(i)} = \varphi(y_j^{*(i-1)})$. φ ist kontrahierend (die Iteration daher konvergent) für

$$h|\beta_k|L<1 \quad ;$$

L: Lipschitzkonstante von f.

In der Praxis genügt es, s=1 oder s=2 zu wählen (siehe auch Abschnitt 9.6.5.).

Der englischsprachigen Literatur folgend bezeichnen wir das Verfahren (1.8a/b) spezieller als $P(EC)^sE$-Verfahren (Prediction (Evaluation Correction)^s Evaluation), denn mit dem *Prädiktor* wird y_j^* zunächst durch $y_j^{*(o)}$ angenähert, sodann wird s-mal f *ausgewertet* und die Näherung *verbessert*. Zum Schluß wird f (für den Gebrauch im nächsten Rechenschritt) mit dem zuletzt erhaltenen Wert $y_j^{*(s)}$ nochmals *ausgewertet*.

Die letzte Auswertung von f kann auch entfallen, man benutzt dann $f(x_j, y_j^{*(s-1)})$ statt $f(x_j, y_j^{*(s)})$ bei der Berechnung von $y_{j+1}^{*(o)}$ und spart so eine Funktionsauswertung pro Schritt. Diese Variante der P-C-Verfahren heißt *$P(EC)^s$-Verfahren*.

1.2.5. Anstatt jeden Näherungswert y_j^* $(j=k(1)m)$ mit demselben Verfahren zu berechnen, kann man auch *verschiedene* Verfahren abwechselnd benutzen, zum Beispiel |21|:

$$\begin{aligned} 33y^*_{2j+1}+24y^*_{2j}-57y^*_{2j-1} &= h(10f^*_{2j+1}+57f^*_{2j}+24f^*_{2j-1}-f^*_{2j-2}) \\ 20y^*_{2j+2}-39y^*_{2j+1}-12y^*_{2j}+31y^*_{2j-1} &= h(7f^*_{2j+2}+12f^*_{2j+1}-39f^*_{2j}-10f^*_{2j-1}) \end{aligned} \qquad (1.9)$$

$$y^*_0=\eta_0;\quad y^*_1=\eta_1(h);\quad y^*_2=\eta_2(h),\qquad j=1(1)p.$$

Es wird sich zeigen, daß ein solches Vorgehen erhebliche Vorteile haben kann. Wir definieren daher:

1.2.6. Definition

Werden M lineare Mehrschrittformeln in fester Reihenfolge zyklisch zur sukzessiven Berechnung der Näherungen y_j^* $(j=k(1)m)$ angewandt, so spricht man von einem *linearen M-zyklischen Mehrschrittverfahren.* Die einzelnen Mehrschrittformeln nennen wir *Stufen,* ihre erzeugenden Polynome ρ_i und σ_i, $i=1(1)M$, brauchen *nicht* teilerfremd zu sein. Ist k die Anzahl der erforderlichen *Startwerte,* so spricht man auch von einem linearen M-zyklischen k-Schrittverfahren (z.B. für M=2,k=3 auch kürzer von einem M=2,k=3-Verfahren).

Man beachte, daß in jeder Stufe ein endgültiger Näherungswert y_j^* berechnet wird. Ist das nicht notwendig der Fall, so spricht man von *mehrstufigen Mehrschrittverfahren.* Prädiktor-Korrektor-Verfahren, zum Beispiel, sind 2-stufig, aber *nicht* zyklisch gemäß Definition 1.2.6., obwohl Prädiktor und Korrektor zyklisch benutzt werden.

1.2.7. Definition

Ein lineares, zyklisches Verfahren heißt *explizit,* wenn alle seine Stufen explizit sind, anderenfalls heißt es *implizit.*

1.3. Beispiele

1.3.1. Approximiert man $T[y](x_j)$ durch

$$T_h[y](x_j) := \frac{y(x_j)-y(x_{j-2})}{2h} - f(x_{j-1}, y(x_{j-1})) , \quad j=2(1)m , \qquad (1.10)$$

und berechnet die y_j^* aus $T_h[y^*](x_j)=0$, so erhält man das folgende *explizite* 2-Schrittverfahren (*midpoint-rule*):

$$y_j^* = y_{j-2}^* + 2hf_{j-1}^* , \quad j=2(1)m, \qquad (1.11)$$

welches zwei Startwerte y_0^* und y_1^* erfordert, beispielsweise

$$y_0^* = \eta_0 ; \quad y_1^* = y_0^* + hf(x_0 + \tfrac{h}{2}, y_0^* + \tfrac{h}{2} f(x_0, y_0^*)).$$

y_1^* wurde hier mit dem (später abzuleitenden) *modifizierten Euler-Verfahren* berechnet.

1.3.2. Mit

$$T_h[y](x_j) := \frac{y(x_j)-y(x_{j-2})}{2h} - \frac{1}{6}\{f(x_j, y(x_j)) + 4f(x_{j-1}, y(x_{j-1})) + f(x_{j-2}, y(x_{j-2}))\}$$

ergibt sich das *Verfahren von Milne-Simpson*

$$y_j^* = y_{j-2}^* + \frac{h}{3}(f_j^* + 4f_{j-1}^* + f_{j-2}^*), \quad j=2(1)m. \qquad (1.12)$$

Dieses ist ein *implizites* lineares 2-Schrittverfahren.

1.3.3. Berechnet man y_j^* für gerades j mit (1.12) und für ungerades j mit der Formel (1.13b), so erhält man das folgende lineare *2-zyklische 2-Schrittverfahren* ("M=2,k=2-Verfahren"):

$$y_{2\ell}^* = y_{2\ell-2}^* + \frac{h}{3}(f_{2\ell}^* + 4f_{2\ell-1}^* + f_{2\ell-2}^*) \qquad (1.13a)$$

$$y_{2\ell+1}^* = y_{2\ell}^* + \frac{h}{12}(5f_{2\ell+1}^* + 8f_{2\ell}^* - f_{2\ell-1}^*) ; \qquad (1.13b)$$

es erfordert zwei Startwerte y_0^* und y_1^*; beide Stufen sind implizit.

1.3.4. Das Verfahren

$$\hat{y}^*_j=-\hat{a}_2y^*_{j-1}-\hat{a}_1y^*_{j-2}-\hat{a}_oy^*_{j-3}+h(\hat{b}_2f^*_{j-1}+\hat{b}_1f^*_{j-2}+\hat{b}_of^*_{j-3})$$
$$y^*_j=-\alpha_2y^*_{j-1}-\alpha_1y^*_{j-2}-\alpha_oy^*_{j-3}+h(\beta_3f^*_j+\beta_2f^*_{j-1}+\beta_1f^*_{j-2}+\beta_of^*_{j-3}+\beta\hat{f}^*_j) \qquad (1.14)$$

mit $\hat{f}^*_j:=f(\hat{x}_j,\hat{y}^*_j)$, $\hat{x}_j\notin I_h$, $\qquad j=3(1)m$

ist ein *2-stufiges 3-Schrittverfahren*; es benutzt noch einen "Zwischenpunkt", der *nicht* zur Menge I_h der Gitterpunkte gehört. Die zweite Stufe ist implizit. *Verfahren mit Zwischenpunkten* ("off-step points") wurden von Gragg und Stetter |35| eingeführt. Das Verfahren (1.14) ist *nicht* zyklisch im Sinne der Definition 1.2.6.

1.4. Å-Verfahren

1.4.1. Um die Vielfalt der in 1.3. aufgeführten, sehr unterschiedlichen Verfahren in einheitlicher Form behandeln zu können, wäre es wünschenswert, sie alle als Spezialfälle eines *einzigen* Verfahrens darstellen zu können. Das ist in der Tat möglich; wir betrachten hierzu die Differenzengleichung:

$$z^*_o=\zeta_o(h); \quad z^*_j=\hat{A}z^*_{j-1}+h\hat{\phi}(x_{j-1},z^*_{j-1},z^*_j;h), \quad j=1(1)p\,, \qquad (1.15)$$

wobei $\hat{A}$ eine reelle (s,s)-Matrix bezeichnet, $\zeta_o(h)\in\mathbb{R}^s$, $h\in(0,h_o]\subseteq(0,(b-a)]$, $\hat{\phi}:[a,b]\times\mathbb{R}^s\times\mathbb{R}^s\times[0,h_o]\to\mathbb{R}^s$. Es sei stets vorausgesetzt, daß (1.15) für alle $h\in(0,h_o]$ eine eindeutige Lösung z^*_j besitzt.

Wie sich zeigt, wird mit dieser Notation nicht nur die Darstellung vieler Verfahren vereinheitlicht, sondern auch ihre theoretische Behandlung erheblich erleichtert; insbesondere kann damit die Frage nach einem optimalen Stabilitätsbegriff sehr einfach beantwortet werden (vgl. Paragraph 4.4., Seite 42).

1.4.2. Definition

Verfahren, die sich auf die Form (1.15) zurückführen lassen, nennen wir *$\hat{A}$-Verfahren*, wenn gilt:

(a) Es gibt eine Konstante $D\geq 1$, so daß $\|\hat{A}^j\| \leq D$ (1.16a)
für alle $j\in\mathbb{N}$.

(b) $\hat{\phi}$ ist stetig und genügt der Lipschitzbedingung
$$|\hat{\phi}(x,u_1,v_1;h)-\hat{\phi}(x,u_2,v_2;h)| \leq K_1|u_1-u_2|+K_2|v_1-v_2| \quad (1.16b)$$
mit Konstanten $K_1\geq 0$, $K_2\geq 0$, die nicht von $x,h,u_1,u_2,$ v_1,v_2 abhängen.

Die Form (1.15) nennen wir *Normalform* für $\hat{A}$-Verfahren.

Bedingung (1.16a) ist genau dann erfüllt, wenn kein Eigenwert von $\hat{A}$ betragsmäßig größer ist als 1 und wenn zu Eigenwerten vom Betrag 1 nur *lineare* Elementarteiler gehören.

1.4.3. Definition

Wir sagen, eine Matrix $\hat{A}$ genüge dem *Wurzelkriterium*, wenn keiner ihrer Eigenwerte μ_i, $i=1(1)s$, betragsmäßig größer ist als 1 und wenn zu Eigenwerten vom Betrag 1 nur *lineare* Elementarteiler gehören.

Gilt zusätzlich für alle von $\mu=1$ verschiedenen Eigenwerte μ_i die Beziehung $|\mu_i|<1$, so genügt $\hat{A}$ dem *starken Wurzelkriterium*, anderenfalls dem *schwachen Wurzelkriterium*.

Diese Definition verallgemeinert eine von Dahlquist stammende Stabilitätsdefinition für lineare k-Schrittverfahren (vgl. S. 10, Abschnitt 1.5.2.).

1.4.4. Die folgenden Beispiele zeigen, daß alle in 1.2. und 1.3. eingeführten Verfahren in der Form (1.15) darstellbar sind. Aber auch die Diskretisierung anderer Probleme (z.B. partieller Differentialgleichungen oder Integralgleichungen) führt auf $\hat{A}$-Verfahren; viele der im folgenden gewonnenen Ergebnisse sind daher auf andere Diskretisierungen übertragbar.

1.5. Beispiele und Sätze

1.5.1. Um zu zeigen, daß lineare k-Schrittverfahren der Form (1.6) auf die Form (1.15) zurückführbar sind, setzen wir s:=k und

$$\zeta_o(h) := \begin{pmatrix} \eta_o(h) \\ \eta_1(h) \\ \vdots \\ \eta_{k-2}(h) \\ \eta_{k-1}(h) \end{pmatrix}; \quad z_j^* := \begin{pmatrix} y_j^* \\ y_{j+1}^* \\ \vdots \\ y_{j+k-2}^* \\ y_{j+k-1}^* \end{pmatrix}; \quad \hat{A} := \begin{pmatrix} 0 & 1 & 0 & \dots & 0 \\ 0 & 0 & 1 & \dots & 0 \\ \cdot & \cdot & \cdot & \cdot & \cdot \\ 0 & 0 & 0 & \dots & 1 \\ -\alpha_o & -\alpha_1 & -\alpha_2 & \dots & -\alpha_{k-1} \end{pmatrix} \quad (1.17a)$$

$$\hat{\phi}(x_{j-1}, z_{j-1}^*, z_j^*; h) := \begin{pmatrix} 0 \\ 0 \\ \vdots \\ 0 \\ \sum_{\ell=o}^{k} \beta_\ell f(x_{j+\ell-1}, y_{j+\ell-1}^*) \end{pmatrix} \in \mathbb{R}^k; \quad p=m-k+1 . \quad (1.17b)$$

Genügt f der Lipschitzbedingung (1.2) mit der Lipschitzkonstanten L (was stets vorausgesetzt wird), so genügt $\hat{\phi}$ der Lipschitzbedingung (1.16b) mit

$$K_1 = L \sum_{j=o}^{k-1} |\beta_j| \quad \text{und} \quad K_2 = L|\beta_k| .$$

Die Matrix $\hat{A}$ (in 1.17a) hat Frobeniusform, ihre Eigenwerte sind daher die Nullstellen des erzeugenden Polynoms $\rho(\mu)$ des Verfahrens (vgl. (1.7a)). Da zu mehrfachen Eigenwerten einer Frobeniusmatrix stets *nichtlineare* Elementarteiler gehören, folgt unter Berücksichtigung von Abschnitt 1.4.2.:

1.5.2. Satz

Ein lineares k-Schrittverfahren ist genau dann ein $\hat{A}$-Verfahren, wenn

(a) keine Nullstelle von $\rho(\mu)$ betragsmäßig größer ist als 1,

(b) die Nullstellen vom Betrag 1 einfach sind.

Dahlquist nannte ein lineares k-Schrittverfahren *stabil*, wenn es die Voraussetzungen (a) und (b) erfüllt ; (a) und (b) heißen "*Dahlquistsches Wurzelkriterium*". Die Definition 1.4.3., S. 8, ist eine Verallgemeinerung dieses Begriffes.

1.5.3. Mit der in 1.5.1. eingeführten Bezeichnungsweise läßt sich ein PECE-Verfahren schreiben:

$$\hat{z}_j^* = A^{(o)} z_{j-1}^* + h\phi^{(o)}(x_{j-1}, z_{j-1}^*; h); \qquad z_o^* = \zeta_o(h) \qquad (1.18a)$$

$$z_j^* = A^{(1)} z_{j-1}^* + h\phi^{(1)}(x_{j-1}, z_{j-1}^*, \hat{z}_j^*; h) \; ; \quad j = 1(1)m-k+1, \qquad (1.18b)$$

wobei $\hat{z}_j^* := (y_j^*, y_{j+1}^*, \ldots, y_{j+k-2}^*, y_{j+k-1}^{*(o)})^T$ gesetzt ist; $A^{(o)}$ bzw. $A^{(1)}$ sind Frobeniusmatrizen mit den Elementen a_ℓ bzw. α_ℓ $(\ell = o(1)k-1)$. Einsetzen von (1.18a) in (1.18b) führt auf die Form (1.15):

$$z_j^* = \hat{A} z_{j-1}^* + h\hat{\phi}(x_{j-1}, z_{j-1}^*; h) \; ; \quad j = 1(1)m-k+1 \; , \qquad (1.19)$$

mit $\hat{A} = A^{(1)}$ und $\hat{\phi}(x_{j-1}, z_{j-1}^*; h) = \phi^{(1)}(x_{j-1}, z_{j-1}^*, \hat{z}_j^*; h)$. $\hat{\phi}$ erfüllt die Lipschitzbedingung (1.16b) mit $K_1 = L\sum_{j=o}^{k-1}|\beta_j| + |\beta_k| L(\sum_{j=o}^{k-1}|a_j| + hL\sum_{j=o}^{k-1}|b_j|)$; $K_2 = 0$, wobei α_j, β_j bzw. a_j, b_j die Koeffizienten der erzeugenden Polynome des Korrektors bzw. des Prädiktors sind. Für spätere Überlegungen halten wir daher fest:

1.5.4. Satz

Ein P-C-Verfahren ist genau dann ein $\hat{A}$-Verfahren, wenn der Korrektor ein $\hat{A}$-Verfahren ist.

1.5.5. Auch *zyklische Verfahren* lassen sich in der Form (1.15) darstellen, was, wie wir in Kapitel 5 sehen werden, ihre theoretische Behandlung ganz erheblich erleichtert.

Betrachten wir als *Beispiel* das folgende M=3,k=3-Verfahren:

$$y^*_{3j}+\alpha_2^{(1)}y^*_{3j-1}+\alpha_1^{(1)}y^*_{3j-2}+\alpha_o^{(1)}y^*_{3j-3}=h(\beta_3^{(1)}f^*_{3j}+\beta_2^{(1)}f^*_{3j-1}+\beta_1^{(1)}f^*_{3j-2}+\beta_o^{(1)}f^*_{3j-3})$$
$$y^*_{3j+1}+\alpha_2^{(2)}y^*_{3j}+\alpha_1^{(2)}y^*_{3j-1}+\alpha_o^{(2)}y^*_{3j-2}=h(\beta_3^{(2)}f^*_{3j+1}+\beta_2^{(2)}f^*_{3j}+\beta_1^{(2)}f^*_{3j-1}+\beta_o^{(2)}f^*_{3j-2})$$
$$y^*_{3j+2}+\alpha_2^{(3)}y^*_{3j+1}+\alpha_1^{(3)}y^*_{3j}+\alpha_o^{(3)}y^*_{3j-1}=h(\beta_3^{(3)}f^*_{3j+2}+\beta_2^{(3)}f^*_{3j+1}+\beta_1^{(3)}f^*_{3j}+\beta_o^{(3)}f^*_{3j-1})$$

mit $y^*_o=\eta_o$; $y^*_1=\eta_1(h)$; $y^*_2=\eta_2(h)$ $\quad j=1(1)p.$ (1.20)

Faßt man die linearen Terme mit y^*_{3j}, y^*_{3j+1} und y^*_{3j+2} auf der linken Seite und alle anderen Terme auf der rechten Seite zusammen, so geht (1.20) über in:

$$Lz^*_j=Uz^*_{j-1}+h\phi(x_{j-1},z^*_{j-1},z^*_j;h);\quad j=1(1)p \tag{1.21}$$

mit

$$z^*_j:=\begin{pmatrix}y^*_{3j}\\ y^*_{3j+1}\\ y^*_{3j+2}\end{pmatrix};\ L:=\begin{pmatrix}1&0&0\\ \alpha_2^{(2)}&1&0\\ \alpha_1^{(3)}&\alpha_2^{(3)}&1\end{pmatrix};\ U:=\begin{pmatrix}-\alpha_o^{(1)}&-\alpha_1^{(1)}&-\alpha_2^{(1)}\\ 0&-\alpha_o^{(2)}&-\alpha_1^{(2)}\\ 0&0&-\alpha_o^{(3)}\end{pmatrix} \tag{1.22}$$

$$\phi(x_{j-1},z^*_{j-1},z^*_j;h):=\begin{pmatrix}\beta_3^{(1)}f^*_{3j}+\ldots+\beta_o^{(1)}f^*_{3j-3}\\ \beta_3^{(2)}f^*_{3j+1}+\ldots+\beta_o^{(2)}f^*_{3j-2}\\ \beta_3^{(3)}f^*_{3j+2}+\ldots+\beta_o^{(3)}f^*_{3j-1}\end{pmatrix};\ z^*_o=\zeta_o(h):=\begin{pmatrix}\eta_o\\ \eta_1(h)\\ \eta_2(h)\end{pmatrix}. \tag{1.23}$$

Durch Multiplikation mit L^{-1} erhält man die Normalform

(1.15) mit $\hat{A}=L^{-1}U$ und $\hat{\phi}=L^{-1}\phi$, $s=k.$ (1.24)

1.5.6. Entsprechend können beliebige, lineare M-zyklische k-Schrittverfahren in der Form (1.15) mit einer (s,s)-Matrix $\hat{A}=L^{-1}U$ dargestellt werden: Man setzt dazu $s:=\max(M,k)$ und definiert

$$\zeta_o(h):=(0,\ldots,0,\eta_o,\eta_1(h),\ldots,\eta_{k-1}(h))^T\varepsilon\mathbb{R}^s$$
$$z^*_j\ :=(y^*_{Mj+k-s},y^*_{Mj+k-s+1},\ldots,y^*_{Mj+k-1})^T\varepsilon\mathbb{R}^s.$$

Die Darstellung $Lz_j^*=Uz_{j-1}^*+h\phi(x_{j-1},z_{j-1}^*,z_j^*;h)$ ergibt sich dann wie in 1.5.5. (im Falle M<k denke man sich dabei zuvor das Verfahren um (k-M) "*Trivialstufen*" der Form $y_{Mj+\ell}^*=y_{Mj+\ell}^*$, $\ell=o(1)k-M-1$, erweitert (vgl. Beispiel 1.5.9.); für M=1 ist U dann gleich der in (1.17a) definierten Matrix $\hat{A}$ und L=I).

Erfüllt f (1.2), so genügt $\hat{\phi}$ der Lipschitzbedingung (1.16b); daher gilt der Satz:

1.5.7. Satz

Ein zyklisches Verfahren in der Form (1.21) ist genau dann ein $\hat{A}$-Verfahren, wenn $\hat{A}=L^{-1}U$ dem Wurzelkriterium genügt.

1.5.8. Anmerkungen

(1) Wegen $\det(\mu I-\hat{A})=\det L\cdot\det(\mu I-L^{-1}U)=\det(\mu L-U)$ ergeben sich die Eigenwerte von $\hat{A}=L^{-1}U$ als Nullstellen des Polynoms

$$P(\mu)=\det(\mu L-U). \qquad (1.25)$$

$L^{-1}U$ braucht somit nicht explizit berechnet zu werden.

(2) $\hat{A}$ kann dem Wurzelkriterium genügen, auch wenn keine *Stufe* das Dahlquistsche Wurzelkriterium erfüllt. Wir werden später sehen, daß hierin ein wesentlicher Vorteil mehrstufiger, insbesondere zyklischer Verfahren liegt.

(3) Je nachdem mit welcher Stufe man den Zyklus beginnt, führt ein lineares M-zyklisches Verfahren zu M *verschiedenen* Verfahren der Form $z_j^*=\hat{A}_i z_{j-1}^*+h\hat{\phi}_i(x_{j-1},z_{j-1}^*,z_j^*;h)$, $i=1(1)M$, mit $\hat{A}_i=L_i^{-1}U_i$. In Paragraph 10.1. wird jedoch gezeigt, daß alle $\hat{A}_i$ $(i=2(1)M)$ dem Wurzelkriterium genügen, wenn $\hat{A}_1=L^{-1}U$ ihm genügt.

1.5.9. Als *Beispiel* für den Fall M<k betrachten wir ein 2-zyklisches 5-Schrittverfahren: $y_{2j+\ell}^*=y_{2j+\ell}^*$, $\ell=0,1,2$ (Trivialstufen)

$$\begin{aligned} y_{2j+3}^*+\sum_{\ell=o}^{4}\alpha_\ell^{(1)}y_{2j-2+\ell}^* &= h\sum_{\ell=o}^{5}\beta_\ell^{(1)}f_{2j-2+\ell}^*; \\ y_{2j+4}^*+\sum_{\ell=o}^{4}\alpha_\ell^{(2)}y_{2j-1+\ell}^* &= h\sum_{\ell=o}^{5}\beta_\ell^{(2)}f_{2j-1+\ell}^*; \qquad j=1(1)p. \end{aligned} \qquad (1.26)$$

Mit

$$z_j^*:=\begin{pmatrix} y_{2j}^* \\ y_{2j+1}^* \\ y_{2j+2}^* \\ y_{2j+3}^* \\ y_{2j+4}^* \end{pmatrix} \; ; \quad L:=\begin{pmatrix} 1 & 0 & 0 & 0 & 0 \\ 0 & 1 & 0 & 0 & 0 \\ 0 & 0 & 1 & 0 & 0 \\ 0 & 0 & 0 & 1 & 0 \\ 0 & 0 & 0 & \alpha_4^{(2)} & 1 \end{pmatrix} \; ; \quad U:=\begin{pmatrix} 0 & 0 & 1 & 0 & 0 \\ 0 & 0 & 0 & 1 & 0 \\ 0 & 0 & 0 & 0 & 1 \\ -\alpha_o^{(1)} & -\alpha_1^{(1)} & -\alpha_2^{(1)} & -\alpha_3^{(1)} & -\alpha_4^{(1)} \\ 0 & -\alpha_o^{(2)} & -\alpha_1^{(2)} & -\alpha_2^{(2)} & -\alpha_3^{(2)} \end{pmatrix}$$

geht es über in die Form $Lz_j^*=Uz_{j-1}^*+h\phi(x_{j-1},z_{j-1}^*,z_j^*;h)$. Multiplikation mit L^{-1} ergibt die Normalform (1.15) mit $\hat{A}=L^{-1}U$.

Die Eigenwerte von $\hat{A}=L^{-1}U$ ergeben sich aus (vgl. (1.25)):

$$P(\mu)=\det(L\mu-U)=\begin{vmatrix} \mu & 0 & -1 & 0 & 0 \\ 0 & \mu & 0 & -1 & 0 \\ 0 & 0 & \mu & 0 & -1 \\ \alpha_o^{(1)} & \alpha_1^{(1)} & \alpha_2^{(1)} & (\mu+\alpha_3^{(1)}) & \alpha_4^{(1)} \\ 0 & \alpha_o^{(2)} & \alpha_1^{(2)} & (\alpha_4^{(2)}\mu+\alpha_2^{(2)}) & (\mu+\alpha_3^{(2)}) \end{vmatrix} \,. \qquad (1.27)$$

Durch Summation der Spalten erkennt man, daß $\mu_1=1$ wegen der "Konsistenzbedingung" $\sum_{\ell=o}^{k-1} \alpha_\ell=-1$ (vgl. (2.11), Seite 20) stets Nullstelle von $\det(L\mu-U)$ ist.

<u>1.5.10.</u> Im Falle eines *Systems* von $n>1$ Differentialgleichungen sind die (s,s)-Matrizen $\hat{A}=(a_{ij})$, $L=(\ell_{ij})$, $U=(u_{ij})$ durch (ns,ns)-Block-Matrizen $\hat{A}_B$, L_B, U_B mit den Elementen $a_{ij}I$ bzw. $\ell_{ij}I$, $u_{ij}I$ (I: (n,n)-Einheitsmatrix) zu ersetzen, und es ist $\phi_j,\zeta_o(h),z_j^*\in\mathbb{R}^{ns}$. (Beim Beweis von Satz 1.5.2. ist dabei zu beachten, daß $\hat{A}_B$ das charakteristische Polynom $\rho^n(\mu)$ hat und daß im Falle einer Frobeniusmatrix $\hat{A}$ zu mehrfachen Nullstellen von $\rho(\mu)$ nichtlineare Elementarteiler von $\hat{A}_B$ gehören).

2. Konsistenz

2.1. Definition der Konsistenz

Der Operator T_h kann als Näherung von T angesehen werden, wenn gleichmäßig für alle x_j, $j=k(1)m$[1], gilt: $\lim_{h\to o}|T_h[y](x_j)-T[y](x_j)|=0$, wobei y weiterhin die Lösung von $T[y](x)=\sigma$ bezeichnet. Wir definieren:

2.1.1. Definition

Der *Differenzenoperator* T_h heißt ***konsistent*** (mit der Aufgabe $T[y](x)=\sigma$)[2], wenn für alle x_j, $j=k(1)m$, gilt:

$$|T_h[y](x_j)|\leq \tau(h) \quad \text{mit} \quad \lim_{h\to o} \tau(h)=0 . \qquad (2.1)$$

Die ***Startwerte*** $\eta_j(h)$, $j=o(1)k-1$, eines k-Schrittverfahrens heißen ***konsistent***, wenn gilt

$$|\eta_j(h)-y(x_j)|\leq \sigma(h) \quad \text{mit} \quad \lim_{h\to o} \sigma(h)=0. \qquad (2.2)$$

Ein *Diskretisierungsverfahren*

$$y_j^*=\eta_j(h),\ j=o(1)k-1;\ T_h[y^*](x_j)=\sigma,\ j=k(1)m, \qquad (2.3)$$

heißt ***konsistent***, wenn T_h und die Startwerte $\eta_j(h)$ konsistent sind.

2.1.2. Man wird annehmen dürfen, daß für kleines h - möglicherweise unter zusätzlichen Voraussetzungen - die Lösung y_j^*, $j=o(1)m$, eines konsistenten Verfahrens die Lösung $y(x_j)$ der Differentialgleichung approximiert. Wir werden in Kapitel 3 sehen, welche zusätzlichen Voraussetzungen dazu notwendig sind. Der Begriff der Konsistenz wird durch die folgende Definition quantifiziert:

---

[1] man beachte, daß m von h abhängt

[2] dieser Zusatz wird weggelassen, wenn kein Zweifel besteht, auf welches Problem er sich bezieht.

2.1.3. Definition

Die Größen

$$d_j = \begin{cases} \eta_j(h)-y(x_j)\ , & j=o(1)k-1 \\ T_h[y](x_j)\ , & j=k(1)m \end{cases} \qquad (2.4)$$

heißen *lokale Ersetzungsfehler* des Verfahrens (2.3).
q heißt *Konsistenzordnung* des Verfahrens, wenn es Konstanten $h_1>0$, $D>0$ und $q>0$ gibt, so daß für $h\varepsilon(0,h_1]$ gilt:

$$|d_j| \leq Dh^q\ , \quad j=o(1)m.$$

Ist insbesondere $|\eta_j(h)-y(x_j)| \leq Dh^q$, $j=o(1)k-1$,
bzw. $|T_h[y](x_j)| \leq Dh^q$, $j=k(1)m$,

so sagen wir, daß die *Startwerte* η_j bzw. der *Operator* T_h die Konsistenzordnung q haben.

Definition 2.1.3. besagt insbesondere, daß die Konsistenzordnung eines zyklischen Verfahrens gleich der kleinsten Ordnung seiner Stufen und seiner Startwerte ist.

2.2. Beispiele

2.2.1. Die midpoint-rule (1.10) hat für $y\varepsilon\mathbb{C}^3[a,b]$ und bei geeigneten Startwerten die Konsistenzordnung 2, denn es gilt für $j=2(1)m$:

$$|T_h[y](x_j)| = \left|\frac{1}{2h}(y(x_j)-y(x_j-2h))-f(x_j-h,y(x_j-h))\right|$$
$$= \left|\frac{1}{2h}(y(x_j)-y(x_j-2h))-y'(x_j-h)\right|$$
$$\leq \frac{h^2}{6} \max_{\xi\varepsilon(a,b)} |y'''(\xi)| \qquad \text{(nach Taylor)}.$$

In gleicher Weise beweist man, daß T_h für $y\varepsilon\mathbb{C}^2[a,b]$ die Konsistenzordnung 1 hat.

2.2.2. Für das Verfahren von Milne-Simpson erhält man durch Taylorentwicklung für j=2(1)m:

$$|T_h[y](x_j)| = \left|\frac{y(x_j)-y(x_j-2h)}{2h} - \frac{1}{6}\cdot\Big(y'(x_j)+4y'(x_j-h)+y'(x_j-2h)\Big)\right|$$

$$= \left|\frac{16}{5!}\,h^4y^{(5)}(\xi_j)-\frac{5}{36}\,h^4y^{(5)}(\hat{\xi}_j)\right|, \qquad a<\xi_j,\hat{\xi}_j<b$$

$$\leq Dh^4 \text{ mit } D = \frac{49}{180}\max_{\xi\in[a,b]}\left|y^{(5)}(\xi)\right|. \tag{2.5}$$

T_h hat somit für $y\in\mathbf{C}^5[a,b]$ die Ordnung 4 (und für $y\in\mathbf{C}^{r+1}[a,b]$ mit $1\leq r\leq 3$ die Ordnung r).

2.2.3. In der parabolischen partiellen Differentialgleichung (inhomogene Wärmeleitungsgleichung):

$$T[u](x,t):=u_t-\sigma u_{xx}-f(x,t,u)=o; \qquad \sigma>o \tag{2.6}$$

$$u(x,o)=\eta(x) \qquad o\leq x\leq b$$

$$u(o,t)=u(b,t)=o; \quad o\leq t\leq c$$

seien u_t bzw. u_{xx} ersetzt durch

a) Vorwärtsdifferenz bzw. zentrale Differenz an der Stelle t_ℓ
b) Zentrale Differenz " " " " " " t_ℓ
c) Vorwärtsdifferenz " " " " " " $(t_\ell+\Delta t)$

a) $$T^{(a)}_{\Delta x,\Delta t}[u](x_{j+1},t_{\ell+1}):=\frac{u(x_j,t_\ell+\Delta t)-u(x_j,t_\ell)}{\Delta t} -\sigma\,\frac{u(x_j+\Delta x,t_\ell)-2u(x_j,t_\ell)+u(x_j-\Delta x,t_\ell)}{(\Delta x)^2}-f(x_j,t_\ell,u_{j\ell}) \tag{2.7a}$$

b) $$T^{(b)}_{\Delta x,\Delta t}[u](x_{j+1},t_{\ell+1}):=\frac{u(x_j,t_\ell+\Delta t)-u(x_j,t_\ell-\Delta t)}{2\Delta t} -\sigma\,\frac{u(x_j+\Delta x,t_\ell)-2u(x_j,t_\ell)+u(x_j-\Delta x,t_\ell)}{(\Delta x)^2}-f(x_j,t_\ell,u_{j\ell}) \tag{2.7b}$$

c) $$T^{(c)}_{\Delta x,\Delta t}[u](x_{j+1},t_{\ell+1}) := \frac{u(x_j,t_\ell+\Delta t)-u(x_j,t_\ell)}{\Delta t} - \sigma\frac{u(x_j+\Delta x,t_\ell+\Delta t)-2u(x_j,t_\ell+\Delta t)+u(x_j-\Delta x,t_\ell+\Delta t)}{(\Delta x)^2} - f(x_j,t_\ell,u_{j\ell}) \tag{2.7c}$$

mit $m_1=\left[\frac{b}{\Delta x}\right]$; $m_2=\left[\frac{c}{\Delta t}\right]$,

dann ergibt sich mit

$$x_j=j\Delta x;\quad t_\ell=\ell\Delta t;\quad u^*(x_j,t_\ell)=u_j^{*(\ell)};\quad f(x_j,t_\ell,u^*(x_j,t_\ell))=f_j^{*(\ell)}$$

für $x=x_j$, $t=t_\ell$ und $j=1(1)m_1-1$:

a) das explizite Verfahren

$$u_j^{*(\ell+1)}=\left(1-\frac{2\sigma\Delta t}{(\Delta x)^2}\right)u_j^{*(\ell)}+\frac{\sigma\Delta t}{(\Delta x)^2}\left(u_{j+1}^{*(\ell)}+u_{j-1}^{*(\ell)}\right)+\Delta t\, f_j^{*(\ell)}\ ;\quad \ell=o(1)m_2-1 \tag{2.8a}$$

b) das 2-Schrittverfahren

$$u_j^{*(\ell+1)}=u_j^{*(\ell-1)}+\frac{2\sigma\Delta t}{(\Delta x)^2}\left(u_{j+1}^{*(\ell)}-2u_j^{*(\ell)}+u_{j-1}^{*(\ell)}\right)+2\Delta t\, f_j^{*(\ell)};\quad \ell=1(1)m_2-1 \tag{2.8b}$$

c) das implizite Verfahren (Crank-Nicolson)

$$\frac{-\sigma\Delta t}{(\Delta x)^2}u_{j+1}^{*(\ell+1)}+\left(1+\frac{2\sigma\Delta t}{(\Delta x)^2}\right)u_j^{*(\ell+1)}-\frac{\sigma\Delta t}{(\Delta x)^2}u_{j-1}^{*(\ell+1)}=u_j^{*(\ell)}+\Delta t\, f_j^{*(\ell)}.\quad \ell=o(1)m_2-1 \tag{2.8c}$$

In natürlicher Verallgemeinerung von Definition 2.1.1. nennen wir $T_{\Delta x,\Delta t}$ *konsistent*, wenn gleichmäßig für alle x_j und t_ℓ gilt:

$$\left|T_{\Delta x,\Delta t}[u](x_j,t_\ell)\right|\le\tau(\Delta x,\Delta t)\quad\text{mit}\quad \lim_{\substack{\Delta x\to o\\ \Delta t\to o}}\tau(\Delta x,\Delta t)=0\ , \tag{2.9}$$

wobei u die Lösung von (2.6) bezeichnet. $T_{\Delta x,\Delta t}$ hat die *Konsistenzordnung* $q=\min(r,s)$, wenn für die Lösung u von (2.6) gilt:

$$\left|T_{\Delta x,\Delta t}[u](x_j,t_\ell)\right|=\mathcal{O}((\Delta x)^r)+\mathcal{O}((\Delta t)^s)\ .$$

Durch Taylorentwicklung erhält man:

$$T^{(a)}_{\Delta x,\Delta t}[u](x_{j+1},t_{\ell+1})=\frac{\Delta t}{2!}\,u_{tt}(x_j,t_\ell)-\sigma\frac{(\Delta x)^2}{12}\,u_{xxxx}(x_j,t_\ell)+\text{Glieder höh. Ordng. in } \Delta x,\Delta t$$

$$T^{(b)}_{\Delta x,\Delta t}[u](x_{j+1},t_{\ell+1})=\frac{(\Delta t)^2}{3!}\,u_{ttt}(x_j,t_\ell)-\frac{\sigma(\Delta x)^2}{12}\,u_{xxxx}(x_j,t_\ell)+\text{Glieder höh. Ordng. in } \Delta x,\Delta t$$

$$T^{(c)}_{\Delta x,\Delta t}[u](x_{j+1},t_{\ell+1})=\frac{\Delta t}{2!}\,u_{tt}(x_j,t_\ell)-\sigma\Delta t\,u_{xxt}(x_j,t_\ell)+\text{Glieder mit } (\Delta x)^r \text{ und } (\Delta t)^r,\ r=2,3,\ldots$$

Die Verfahren a) und b) haben daher für hinreichend oft differenzierbares u die Konsistenzordnung 1 bzw. 2. Das Verfahren c) hat i.allg. die Konsistenzordnung 1; speziell für $\sigma=\frac{1}{2}$ und $\frac{\partial}{\partial t}\,f(x,t,u(x,t))\equiv 0$ hat es die Ordnung 2.

Bezeichnet man in (2.7c) die zentrale Differenz an der Stelle $t=t_\ell+\Delta t$ mit Z_1 und eine entsprechende zentrale Differenz an der Stelle $t=t_\ell$ mit Z_2, und ersetzte man in (2.7c) Z_1 durch $\frac{1}{2}(Z_1+Z_2)$, so hätte das Verfahren c) für *beliebiges* $\sigma>0$ und f die Ordnung 2.

2.3. Konsistenzsätze

Untersuchen wir die Konsistenz von Ein- oder Mehrschrittverfahren der Form (1.5) und (1.6), so ergeben sich die folgenden *Konsistenzsätze:*

2.3.1. Satz

Das Einschrittverfahren $y_j^* = y_{j-1}^* + h\phi(x_{j-1}, y_{j-1}^*; h)$; $y_o^* = \eta_o$ ist konsistent, wenn:

1. $\phi(x,y;o) = f(x,y)$
2. $\phi(x,y;h)$ stetig ist in $G^* := \{(x,y,h) \mid a \leq x \leq b;\ y \in \mathbb{R}^n;\ o \leq h \leq h_o\}$.

Sind darüber hinaus alle partiellen Ableitungen von ϕ der Ordnung q stetig, so hat es die Konsistenzordnung q, wenn gilt:

$$\phi(x,y;h) = f(x,y) + \frac{h}{2!} Df(x,y) + \ldots + \frac{h^{q-1}}{q!} D^{q-1} f(x,y) + \mathcal{O}(h^q), \quad (2.10)$$

wobei $Df(x,y)$ definiert ist durch $Df(x,y) = (\frac{\partial}{\partial x} + f\frac{\partial}{\partial y}) f(x,y)$; d.h. zum Beispiel

$$Df = f_x + ff_y$$

$$D^2 f = (\frac{\partial}{\partial x} + f\frac{\partial}{\partial y})(\frac{\partial f}{\partial x} + f\frac{\partial f}{\partial y})$$

$$= f_{xx} + 2ff_{xy} + f^2 f_{yy} + f_x f_y + ff_y^2 \text{ ; etc.}$$

2.3.2. Beweis. Für die Lösung y von (1.1) gilt mit $o < \delta < 1$ und $x = x_{j-1}$ $(j = 1(1)m)$:

$$\left| T_h[y](x+h) \right| = \left| \frac{y(x+h) - y(x)}{h} - \phi(x, y(x); h) \right| \leq$$

$$\leq \left| y'(x + \delta h) - \phi(x, y(x); 0) \right| + \left| \phi(x, y(x); 0) - \phi(x, y(x); h) \right|.$$

Wegen $\phi(x,y(x);o) = f(x,y(x)) = y'(x)$, $y \in \mathbb{C}^1[a,b]$ und der gleichmäßigen Stetigkeit von $\phi(x,y(x);h)$ im abgeschlossenen Gebiet $a \leq x \leq b$; $o \leq h \leq h_o$ geht dieser Ausdruck mit $h \to o$ gegen Null; das Verfahren ist daher konsistent.

Wenn alle partiellen Ableitungen von $f(x,y)$ der Ordnung q stetig sind, dann gilt $y\in\mathbb{C}^{q+1}[a,b]$ und es folgt:

$$\left|T_h[y](x+h)\right| = \left|\frac{y(x+h)-y(x)}{h} - \phi(x,y(x);h)\right|$$

$$= \left|y'(x)+\frac{h}{2!}y''(x)+\ldots+\frac{h^q}{(q+1)!}\, y^{(q+1)}(\xi)-\phi(x,y(x);h)\right| \qquad x<\xi<x+h$$

$$= \mathcal{O}(h^q)\,,$$

denn aus $y'=f(x,y(x))$ folgt

$$y^{(n+1)}(x)=D^n f(x,y(x)); \quad n=1(1)q-1.$$

2.3.3. Satz

Der Differenzenoperator T_h des linearen k-Schrittverfahrens

$$\alpha_k y_j^* + \alpha_{k-1} y_{j-1}^* + \ldots + \alpha_o y_{j-k}^* - h(\beta_k f_j^* + \beta_{k-1} f_{j-1}^* + \ldots + \beta_o f_{j-k}^*) = \mathcal{O};$$

$$\alpha_k=1,\ j=k(1)m,$$

ist konsistent, wenn gilt

$$\sum_{i=o}^{k} \alpha_i = o; \qquad \sum_{i=1}^{k} i\alpha_i = \sum_{i=o}^{k} \beta_i \tag{2.11}$$

Für $y\in\mathbb{C}^{q+2}[a,b]$, $q\geq 1$, hat er die Konsistenzordnung q, wenn gilt $c_o=c_1=\ldots=c_q=o$, $c_{q+1}\neq o$, mit

$$c_o=\sum_{i=o}^{k}\alpha_i; \qquad c_1=\sum_{i=1}^{k} i\alpha_i - \sum_{i=o}^{k}\beta_i$$

$$c_\ell=\frac{1}{\ell!}\sum_{i=1}^{k} i^\ell \alpha_i - \frac{1}{(\ell-1)!}\sum_{i=1}^{k} i^{\ell-1}\beta_i\,; \qquad \ell=2(1)q+1, \tag{2.12}$$

und die lokalen Ersetzungsfehler lauten für $j=k(1)m$:

$$d_j=T_h[y](x_j)=c_{q+1}h^q y^{(q+1)}(x_j)+\mathcal{O}(h^{q+1}) \tag{2.13}$$

2.3.4. Definition

Gilt $c_o=c_1=\ldots=c_q=o$ und $c_{q+1}\neq o$, so heißt c_{q+1} *Fehlerkonstante* des linearen k-Schrittverfahrens.

<u>2.3.5.</u> <u>Beweis.</u> Wegen $y\in C^1[a,b]$ gilt für $x=x_{j-k}$ $(j=k(1)m)$:

$$|T_h[y](x+kh)| = \left|\frac{1}{h}\sum_{\ell=0}^{k}\alpha_\ell y(x+\ell h)-\sum_{\ell=0}^{k}\beta_\ell\ f(x+\ell h,y(x+\ell h))\right|$$

$$=\left|\frac{y(x)}{h}\sum_{\ell=0}^{k}\alpha_\ell+\sum_{\ell=1}^{k}y'(\xi_\ell)\ell\alpha_\ell-\sum_{\ell=0}^{k}\beta_\ell\ f(x+\ell h,y(x+\ell h))\right|;$$

$$x<\xi_\ell<x+\ell h.$$

Wegen $\lim\limits_{h\to 0} y'(\xi_\ell)=y'(x)=f(x,y(x))$; $\ell=1(1)k$,

$$\lim_{h\to 0}\sum_{\ell=0}^{k}\beta_\ell\ f(x+\ell h,y(x+\ell h))=f(x,y(x))\sum_{\ell=0}^{k}\beta_\ell$$

geht $|T_h[y](x+kh)|$ mit $h\to 0$ gegen Null, wenn die Gleichungen (2.11) erfüllt sind.

Für $y\in C^{q+2}[a,b]$ folgt aus $f(x,y(x))=y'(x)$ und einer Taylorentwicklung:

$$|T_h[y](x+kh)| = \left|\frac{1}{h}\sum_{\ell=0}^{k}\alpha_\ell\ y(x+\ell h)-\sum_{\ell=0}^{k}\beta_\ell\ f(x+\ell h,y(x+\ell h))\right|$$

$$=\left|\frac{c_0}{h}\ y(x)+c_1y'(x)+c_2hy''(x)+\dots\right.$$

$$\left.\dots+c_qh^{q-1}y^{(q)}(x)+c_{q+1}h^qy^{(q+1)}(x)+\mathcal{O}(h^{q+1})\right|.$$

Hieraus folgt der zweite Teil der Behauptung.

<u>2.3.6.</u> <u>Hinweis:</u> Mittels der erzeugenden Polynome (1.7a/b) lassen sich die Konsistenzbedingungen (2.11) kürzer schreiben, nämlich:

$$\rho(1)=0\ ;\qquad \rho'(1)=\sigma(1) \tag{2.14}$$

2.4. Der Konsistenzbegriff bei Â-Verfahren

2.4.1. Der Konsistenzbegriff des Paragraphs 2.1. läßt sich auf Â-Verfahren erweitern, wenn man

$$y_j^*=\eta_j(h),\ j=o(1)k-1;\quad T_h[y^*](x_j)=\sigma,\quad j=k(1)m$$

ersetzt durch

$$z_o^*=\zeta_o(h);\quad \hat{T}_h[z^*](x_j)=\sigma,\quad j=1(1)p, \tag{2.15}$$

mit

$$\hat{T}_h[z^*](x_j):=h^{-1}\left[z_j^*-\hat{A}z_{j-1}^*-h\hat{\phi}(x_{j-1},z_{j-1}^*,z_j^*;h)\right]$$

$$z_j^*:=(y_j^*,y_{j+1}^*,\ldots,y_{j+s-1}^*)^T$$

$$\zeta_o(h):=(\eta_o,\eta_1(h),\ldots,\eta_{s-1}(h))^T$$

sowie y_j durch[1)] $z_j:=(y_j,y_{j+1},\ldots,y_{j+s-1})^T$.

Anschaulich gesprochen, stellen wir uns dabei vor, daß die Gleichung $U_h[z^*](x_j)=\sigma$ mit

$$U_h[z^*](x_j):=\begin{cases} z_o^*-\zeta_o(h) & \text{für } j=o \\ \hat{T}_h[z^*](x_j) & \text{für } j=1(1)p \end{cases}$$

- im Falle des Anfangswertproblems (1.1) - die Gleichung $U[z](x_j)=\sigma$ $(j=o(1)p)$ approximiert mit

$$U[z](x_o):=\begin{pmatrix} y(a)-\eta_o \\ \vdots \\ y(a)-\eta_o \end{pmatrix}\in\mathbb{R}^s$$

$$U[z](x_j):=\begin{pmatrix} y'(x_j)-f(x_j,y(x_j)) \\ \vdots \\ y'(x_{j+s-1})-f(x_{j+s-1},y(x_{j+s-1})) \end{pmatrix},\quad j=1(1)p.$$

Die Definitionen 2.1.1. und 2.1.3. erhalten dann die Form:

---

1) Neben y_j bezeichnen wir im folgenden häufig auch den Vektor $z_j\in\mathbb{R}^s$ als "exakte Lösung" der Differentialgleichung (1.1) an der Stelle x_j.

2.4.2. Definition

Ein Verfahren der Form (2.15) heißt *konsistent*, wenn gilt:

$$|\zeta_o(h)-z(x_o)|\le\sigma(h) \quad \text{mit } \lim_{h\to o}\sigma(h)=o \qquad (2.16a)$$

und $$|\hat{T}_h[z](x_j)|\le\tau(h),\ j=1(1)p, \quad \text{mit } \lim_{h\to o}\tau(h)=o. \qquad (2.16b)$$

Die Größen

$$\delta_j = \begin{cases} z(x_o)-\zeta_o(h) & \text{für } j=o \\ \hat{T}_h[z](x_j) & \text{für } j=1(1)p \end{cases} \qquad (2.17)$$

heißen *lokale Ersetzungsfehler* des Verfahrens und q ist seine *Konsistenzordnung*, wenn es Konstanten $h_1\le h_o$, $D>o$ und $q>o$ gibt, so daß für $h\in(0,h_1]$ gilt:

$$|\delta_j| \le Dh^q, \quad j=o(1)p.$$

Im Falle eines *linearen k-Schrittverfahrens*, beispielsweise, lauten die lokalen Ersetzungsfehler (2.17) für $y\in\mathbb{C}^{q+2}[a,b]$:

$$\delta_o = \begin{pmatrix} y(x_o)-\eta_o(h) \\ y(x_1)-\eta_1(h) \\ \vdots \\ y(x_{k-1})-\eta_{k-1}(h) \end{pmatrix}$$

$$\delta_j=\hat{T}_h[z](x_j)=h^q y^{(q+1)}(x_j)t+\mathcal{O}(h^{q+1}) \text{ mit}^{1)}\ t=\begin{pmatrix} 0 \\ \vdots \\ 0 \\ c_{q+1} \end{pmatrix}\in\mathbb{R}^k, \qquad (2.18)$$

c_{q+1}: Fehlerkonstante (vgl. (2.13), S. 20); $j=1(1)p=m-k+1$.

---

1) Im Falle eines *Systems* von n Differentialgleichungen sind die Komponenten t_ℓ von t durch $t_\ell I$ (I: (n,n)-Einheitsmatrix) zu ersetzen und $y^{(q+1)}(x_j)t$ durch $y^{(q+1)}(x_j)\otimes t:=(y^{(q+1)}(x_j)t_1,\ldots, y^{(q+1)}(x_j)t_k)^T$.

3. Stabilität und Konvergenz

Die Konsistenz eines Operators gewährleistet eine sinnvolle Approximation der Gleichung $T[y](x_j)=\sigma$ durch eine Differenzengleichung $T_h[y^*](x_j)=\sigma$, was keineswegs einschließt, daß auch die *Lösungen* dieser Gleichungen einander approximieren!

3.1. Ein Beispiel

Zur Illustration betrachten wir das Verfahren

$$y_o^*=\eta_o;\ y_1^*=\eta_1;\ y_j^*-4y_{j-1}^*+3y_{j-2}^*+2hf_{j-1}^*=0,\quad j=2(1)m. \tag{3.1}$$

Seine Konsistenz folgt aus (2.14) mit $\rho(\mu)=\mu^2-4\mu+3$ und $\sigma(\mu)=-2\mu$. (3.1) angewandt auf die spezielle Differentialgleichung:

$$y'=\lambda y\ ;\quad y(o)=1 \tag{3.2}$$

ergibt

$$y_o^*=1;\ y_1^*=\eta_1;\ y_j^*+(2h\lambda-4)y_{j-1}^*+3y_{j-2}^*=0\ ,\quad j=2(1)m. \tag{3.3}$$

Diese Differenzengleichung ist *linear* und daher analytisch lösbar. Der Ansatz $y_j=C\mu^j$ führt auf die charakteristische Gleichung:

$$\mu^2+(2\lambda h-4)\mu+3=o\ , \tag{3.4}$$

und man erhält die allgemeine Lösung von (3.3) in der Form

$$y_j^*=C_1\mu_1^j + C_2\mu_2^j\ , \tag{3.5}$$

wobei C_1 und C_2 Konstanten sind, die von den Anfangsbedingungen y_o^* und y_1^* sowie von h abhängen, und $\mu_1(h)$ und $\mu_2(h)$ die Nullstellen von (3.4):

$$\mu_1(h) = (2-\lambda h)-\sqrt{1-4\lambda h+(\lambda h)^2}= e^{\lambda h}+\mathcal{O}(h^2)$$
$$\mu_2(h) = (2-\lambda h)+\sqrt{1-4\lambda h+(\lambda h)^2}=3e^{-\lambda h}+\mathcal{O}(h^2)$$

(den 2. Teil dieser Gleichung zeigt man durch Taylorentwicklung).

Aus den Anfangsbedingungen folgt

$$1=C_1+C_2 \;; \quad \eta_1=C_1\mu_1+C_2\mu_2$$

$$C_1=\frac{\mu_2-\eta_1}{\mu_2-\mu_1} \;; \quad C_2=\frac{\mu_1-\eta_1}{\mu_1-\mu_2} \;.$$

μ_1^j approximiert die Lösung $y(x_j)=e^{\lambda x_j}, x_j=jh$, der Differentialgleichung (3.2) mit der Ordnung q=1 in h (q=1 ist auch die *Konsistenzordnung* des Verfahrens (3.1)); eine Wurzel von (3.4) mit dieser Eigenschaft werden wir in Abschnitt 7.2.6. *Hauptwurzel* nennen.

Außer der Hauptwurzel tritt in der Näherung (3.5) noch eine weitere Wurzel μ_2 auf; im allgemeineren Fall eines k-Schrittverfahrens der Form (1.6) gibt es (k-1) derartige weitere Wurzeln. Diese *Nebenwurzeln* haben nichts mit der Lösung der Differentialgleichung (3.2) zu tun; sie sind jedoch unvermeidlich und Folge der Approximation einer Differentialgleichung ersten Grades durch eine Differenzengleichung k-ten Grades.

Betrachten wir nun die Lösung von (3.3):

$$y_j^* = C_1(e^{\lambda h}+\mathcal{O}(h^2))^j + C_2(3e^{-\lambda h}+\mathcal{O}(h^2))^j$$

d.h. mit $jh=x_j$:

$$y_j^*=C_1e^{\lambda x_j}(1+\mathcal{O}(h))+C_2 3^{x_j/h} e^{-\lambda x_j}(1+\mathcal{O}(h)).$$

Nehmen wir noch den günstigsten Fall an, daß der Startwert η_1 *exakt* ist, d.h. $\eta_1=e^{\lambda h}, C_2=\mathcal{O}(h^2), C_1=1+\mathcal{O}(h^2)$, so folgt:

$$y_j^*=e^{\lambda x_j}(1+\mathcal{O}(h))+3^{x_j/h} e^{-\lambda x_j}\mathcal{O}(h^2). \qquad (3.6)$$

Der erste Summand approximiert die exakte Lösung $y(x)=e^{\lambda x}$ der Differentialgleichung mit der Ordnung 1 in h. Der zweite Summand jedoch ist Folge der Nebenwurzel μ_2 und verfälscht das Ergebnis völlig, und zwar umso mehr, je kleiner h ist.

Dieser Effekt ist typisch für "instabile" Verfahren und tritt offensichtlich immer dann auf, wenn eine Nullstelle der charakteristischen Gleichung (3.4) betragsmäßig größer ist als 1. Als weiteres, vorläufiges Ergebnis dieses Beispiels halten wir noch fest, daß die Nebenwurzeln $\mu_\ell(h)$ $(\ell=2(1)k)$ für die gewählte Schrittweite h auch betragsmäßig *kleiner* als die Hauptwurzel $\mu_1(h)$ sein sollten, um zu vermeiden, daß der durch sie entstandene Lösungsanteil *bei großem* j überwiegt.

3.2. Definition der Stabilität

Mit der Existenz eines konvergenten numerischen Verfahrens zur Lösung eines mathematischen Problems ist keineswegs gesichert, daß die Lösung (oder eine gute Approximation) mit dem Verfahren auch *berechnet* werden kann. Dieser scheinbare Widerspruch läßt sich sehr einfach am Beispiel des vorigen Abschnitts erläutern: Für $\eta_1=\mu_1$ konvergiert das Verfahren (3.1) mit $h\to 0$ gegen die Lösung $y(x)=e^{\lambda x}$ von (3.2); dennoch ist es selbst für $\eta_1=\mu_1$ nicht geeignet, gute Näherungen von y(x) auch *praktisch* zu berechnen, denn diese werden für kleines h durch unvermeidliche Rundungsfehler völlig verfälscht. Praktikabel ist nämlich ein Diskretisierungsverfahren erst dann, wenn der Einfluß von Fehlern für alle Werte des Diskretisierungsparameters beschränkt bleibt. In diesem Fall nennen wir das Verfahren "*stabil*". (Stabilität ist somit die Eigenschaft, die ein Verfahren überhaupt erst für den praktischen Gebrauch geeignet macht!).

3.2.1. Wir wollen nun den Begriff der Stabilität präzisieren und knüpfen dabei an die bereits in Paragraph 2.4. verwendete Bezeichnungsweise an.

Für jedes $h\in(0,h_o]$ bezeichne $\mathbb{G}_h$ den Raum der Gitterfunktionen $z:I_h'\to\mathbb{R}^s$, $I_h':\{x_o,x_1,\ldots,x_p\}$ [1] mit einer Norm $\|\cdot\|_h$. Ψ_h bezeichne ein reelles Funktional auf $\mathbb{G}_h$ (welches in 3.2.3. noch gewissen Einschränkungen unterworfen wird).

Wir definieren eine Abbildung $U_h:\mathbb{G}_h\to\mathbb{G}_h$ durch

$$U_h[z](x_j):=\begin{cases} z_o-\zeta_o & \text{für } j=o \\ \hat{T}_h[z](x_j) & \text{für } j=1(1)p \end{cases} \tag{3.7}$$

mit $$\hat{T}_h[z](x_j):=h^{-1}\left[z_j-\hat{A}z_{j-1}-h\hat{\phi}(x_{j-1},z_{j-1},z_j;h)\right];$$

(2.15) und (2.17) erhalten damit die Darstellung

$$U_h[z^*](x_j)=\mathfrak{O} \qquad j=o(1)p. \tag{3.8a}$$
$$U_h[z]\ (x_j)=\delta_j. \tag{3.8b}$$

Bezeichnet z, wie in Paragraph 2.4., die *exakte* Lösung eines Problems $U[z](x)=\mathfrak{O}$ - z.B. des Anfangswertproblems (1.1) - auf den Gitterpunkten I_h', dann sind $\delta_j\in\mathbb{R}^s$ die *lokalen Ersetzungsfehler* des Verfahrens (3.8a) und $\|z-z^*\|_h$ ist der durch sie entstandene *globale Ersetzungsfehler*.

Die δ_j können aber auch als lokale *Störungen* interpretiert werden, die (z.B. durch Rundung) bei der Berechnung der Näherungen z_j^* mittels (3.8a) auftreten. In diesem Fall ist $\|z-z^*\|_h$ der durch Akkumulation dieser Störungen entstandene Gesamtfehler.

Soweit wir uns nicht auf eine bestimmte Interpretation festlegen, gelten die weiteren Betrachtungen für *beide* Fälle.

---
1) p hängt von h ab!

3.2.2. Uns interessieren Abschätzungen der Form

$$\|z-z^*\|_h \leq C_1 \Psi_h[\delta] \tag{3.9a}$$

sowie *zweiseitige Fehlerschranken*

$$C_2 \Psi_h[\delta] \leq \|z-z^*\|_h \leq C_1 \Psi_h[\delta] \tag{3.9b}$$

mit (von h und δ unabhängigen) Konstanten C_1, C_2 und einem vom ursprünglichen Problem $U[z](x)=\sigma$ (z.B. von der rechten Seite f der Differentialgleichung (1.1)) *unabhängigen* Ψ_h. Außerdem fordern wir noch:

3.2.3. Voraussetzung

Es gebe Konstanten $K>o$ und $h_1>o$, so daß für alle $\delta \in \mathfrak{G}_h$ und alle $h \in (0,h_1]$ gilt:

$$\Psi_h[\delta] \leq K \max_{o \leq j \leq p} |\delta_j| . \tag{3.10}$$

Durch diese Forderung wird erreicht, daß $\Psi_h[\delta]$ *gleichmäßig* für alle $h \in (0,h_1]$ beliebig klein ist, wenn nur die Störungen δ_j genügend klein sind. (Das ist zum Beispiel für $\Psi_h[\delta] := \sum_{j=o}^{p} |\delta_j|$ *nicht* der Fall, weil p von h abhängt und mit $h \to o$ gegen ∞ geht). Ist außerdem (3.9a) erfüllt, so unterscheiden sich die Lösungen z^* und z von (3.8a) und (3.8b) für hinreichend kleine Störungen δ_j beliebig wenig, d.h. U_h ist "stabil". Wir definieren daher:

3.2.4. Definition

Ein Verfahren $U_h[z^*](x_j)=\sigma$, $j=o(1)p$, heißt *stabil bezüglich des Funktionals* Ψ_h, wenn es feste positive Zahlen C und $h_1 \in (0,h_o]$ gibt, so daß gilt:

$$\|z-z^*\|_h \leq C \Psi_h[\delta] \tag{3.11}$$

für alle $h \in (0,h_1]$ und alle $z, z^*, \delta \in \mathfrak{G}_h$, die den Gleichungen (3.8a/b) genügen.

Ψ_h heißt dann *Stabilitätsfunktional* des Verfahrens.

Häufig ist Ψ_h eine Norm, man spricht dann von *Stabilität bezüglich der Norm* Ψ_h.

Das Stabilitätsfunktional Ψ_h kennzeichnet den gewählten Stabilitätsbegriff. Vielfach benutzt werden die Funktionale

$$\Psi_h^*[\delta] := \max_{0\leq j\leq p} |\delta_j| \qquad (\textit{Maximumnorm}) \qquad (3.12a)$$

$$\Psi_h^{**}[\delta] := |\delta_0| + h\sum_{j=1}^{p} |\delta_j| \qquad (3.12b)$$

$$\Psi_h^{Sp}[\delta] := \max_{0\leq j\leq p} \{|\delta_0 + h\sum_{\ell=1}^{j} \delta_\ell|\}^{2)} \qquad (\textit{Spijker-Norm})^{1)}. \qquad (3.12c)$$

3.3. Konvergenz

3.3.1. Definition

Die Lösung z^* des Diskretisierungsverfahrens (3.8a) *konvergiert* für $h\to 0$ gegen die Lösung z von $U[z](x_j)=\sigma$, $j=0(1)p$[3], wenn gilt: $\|z-z^*\|_h \leq \kappa(h)$ mit $\lim_{h\to 0} \kappa(h)=0$.

q heißt *Konvergenzordnung*, wenn es Konstanten $h_1\leq h_0$, $D>0$ und $q>0$ gibt, so daß für $h\in(0,h_1]$ gilt:

$$\|z-z^*\|_h \leq Dh^q.$$

Konsistenz und Stabilität sind hinreichende Bedingungen für die Konvergenz von Diskretisierungsverfahren, wie der folgende Satz zeigt; sie sind nicht notwendig, wie schon Beispiel 3.1. verdeutlichte, jedoch sind inkonsistente oder instabile Verfahren für die Praxis ohne Belang. (Als *Stufen* mehrstufiger Verfahren sind instabile Verfahren jedoch zulässig und sinnvoll).

---

[1] Im Spezialfall $\delta_0=(w_0,\dots,w_{k-2},w_{k-1})^T$, $\delta_\ell=(0,\dots,0,w_{\ell+k-1})^T\in\mathbb{R}^k$ ist

$$\Psi_h^{Sp}[\delta] \leq \max_{0\leq j\leq p} \{\sum_{\ell=0}^{k-1} |w_\ell| + h|\sum_{\ell=k}^{j+k-1} w_\ell|\}^{2)},$$

wobei die rechte Seite die ursprünglich von Spijker eingeführte Norm ist. (3.12c) stellt nur eine unwesentliche Verallgemeinerung dieser Norm dar; das rechtfertigt dieselbe Benennung.

[2] mit der Vereinbarung $\sum_{\ell=1}^{j} a_\ell := 0$ für $j=0$.

[3] man beachte, daß p von h abhängt.

3.3.2. Satz

Für Ψ_h gelte die Voraussetzung (3.10). Dann ist das Verfahren konvergent, wenn es konsistent und stabil ist; seine Konvergenzordnung ist wenigstens gleich seiner Konsistenzordnung.

3.3.3. Beweis. Die Stabilitätsdefinition 3.2.4. und (3.10) ergeben:

$$\| z-z^* \|_h \leq C\, \Psi_h[\delta] \leq CK \max_{o \leq j \leq p} |\delta_j| .$$

Die Behauptung folgt nun aus der Konsistenz (vgl. 2.4.2., S.23).

3.3.4. Anmerkungen

(1) Man kann die Konsistenz auch *in Abhängigkeit von* Ψ_h durch die Forderung: $\lim_{h\to o} \Psi_h[\delta]=o$ definieren. Die Voraussetzung (3.10) wird dadurch überflüssig, und Ψ_h charakterisiert dann nicht nur den Stabilitätsbegriff (vgl. 3.2.4.), sondern auch den Konsistenzbegriff. Je nach Wahl von Ψ_h können in diesem Fall *dieselben* Verfahren *verschiedene* Konsistenz*ordnungen* besitzen.

(2) Die *Konvergenz*ordnung kann größer sein als die (in 2.4.2. definierte) *Konsistenz*ordnung. In Abschnitt 4.5.3. werden wir notwendige und hinreichende Bedingungen dafür angeben, wann das bei $\hat{A}$-Verfahren der Fall ist.

4. Optimale Stabilitätsfunktionale

4.1. Vorbemerkungen

Von besonderem Interesse ist das Stabilitätsfunktional, welches - für ein bestimmtes $\hat{A}$-Verfahren - bei beliebigem $\delta \in G_h$ die "kleinste" Schranke der Form (3.9a) ermöglicht.

4.1.1. Definition (Spijker)

> Wir schreiben $\Psi_h^{(1)} \prec \Psi_h^{(2)}$, wenn es positive Konstanten h_1 und C gibt, so daß für alle $\delta \in G_h$ und alle $h \in (0,h_1]$ gilt:
>
> $$\Psi_h^{(1)}[\delta] \leq C\, \Psi_h^{(2)}[\delta].$$
>
> $\Psi_h^{(1)}$ und $\Psi_h^{(2)}$ heißen *äquivalent*, wenn gilt:
>
> $$\Psi_h^{(1)} \prec \Psi_h^{(2)} \quad \text{und} \quad \Psi_h^{(2)} \prec \Psi_h^{(1)}. \tag{4.1}$$

Ψ_h^* und Ψ_h^{Sp}, beispielsweise, sind *nicht* äquivalent, wie man zeigen kann, und es gilt: $\Psi_h^{Sp} \prec \Psi_h^*$. Die Stabilitätsbedingung (3.11) ist daher leichter mit Ψ_h^* zu erfüllen als mit Ψ_h^{Sp}, jedoch ergeben sich mit Ψ_h^{Sp} i.allg. *bessere* Fehlerschranken. Ψ_h^{Sp} ermöglicht *bei speziellen $\hat{A}$-Verfahren* (z.B. linearen k-Schrittverfahren) auch *zweiseitige* Schranken.

4.1.2. Es wäre nun naheliegend, ein Stabilitätsfunktional Ψ_h^o und den damit definierten Stabilitätsbegriff für *optimal* zu halten, wenn für alle Stabilitätsfunktionale Ψ_h eines Verfahrens gilt:

$$\Psi_h^o \prec \Psi_h. \tag{4.2}$$

Spijker |76| nennt ein solches Funktional "*minimales* Stabilitätsfunktional" des Verfahrens.

Man kann z.B. zeigen |76|, daß die Spijker-Norm Ψ_h^{Sp} *für lineare k-Schrittverfahren* $M(\rho,\sigma)$ genau dann minimales Stabilitätsfunktional ist, wenn für die Nullstellen μ_i, $i=1(1)k$, von ρ gilt: $\mu_1=1$, $|\mu_i|<1$, $i=2(1)k$.

Dennoch stellt Ψ_h^{Sp}, wie wir in Abschnitt 4.2.5. sehen werden, *keine* optimale Wahl für das Stabilitätsfunktional linearer k-Schrittverfahren dar, und für andere $\hat{A}$-Verfahren, z.B. zyklische Verfahren, ist es i.allg. auch *nicht minimal*[1]. Die Frage, nach welchem Optimalitätsprinzip man ein "bestes" Stabilitätsfunktional auswählen kann und wie es für *alle* $\hat{A}$-Verfahren lautet, wird in Paragraph 4.4. beantwortet.

4.2. Â-Stabilität

In diesem Paragraphen geben wir ein Stabilitätsfunktional für $\hat{A}$-Verfahren an, von dem später gezeigt werden wird, daß es *optimal* ist.

4.2.1. Definition

In $\mathbb{G}_h$ sei die Maximumnorm (3.12a) gegeben[2] und mit $\|\cdot\|_h^*$ bezeichnet. Dann nennen wir ein Verfahren *$\tilde{A}$-stabil*, wenn es stabil ist bezüglich des Funktionals

$$\Psi_h[\delta] = \|w\|_h^* \tag{4.3}$$

mit[3] $\quad w_j := \tilde{A}^j \delta_o + h \sum_{\ell=1}^{j} \tilde{A}^{j-\ell} \delta_\ell \; ; \qquad \delta_j \in \mathbb{R}^s .$

Dieses Funktional nennen wir *$\tilde{A}$-Norm*, weil es von der (s,s)-Matrix $\tilde{A}$ abhängt, und bezeichnen es mit $\|\delta\|_h^{\tilde{A}}$.

Für $\tilde{A}$=I (I: Einheitsmatrix) erhält man die Spijker-Norm (3.12c); in Abschnitt 4.2.5. wird jedoch deutlich, daß dieses i.allg. nicht die günstigste Wahl ist bei $\hat{A}$-Verfahren mit $\hat{A} \neq I$.

---

1) vgl. auch Paragraph 4.6.

2) die Verallgemeinerung auf *andere Normen in* $\mathbb{G}_h$ ist einfach und wird in Abschnitt 4.4.4. behandelt.

3) mit der Vereinbarung $\sum_{\ell=1}^{j} a_\ell := o$ für j=o.

4.2.2. Der praktische Wert des Stabilitätsbegriffes 4.2.1. hängt von folgenden Fragen ab:

(1) Welche Verfahren sind $\tilde{A}$-stabil?

(2) Ergeben sich mit der $\tilde{A}$-Norm bessere Fehlerschranken als mit anderen Funktionalen?

(3) Für welche Verfahren ermöglicht sie *zweiseitige* Fehlerschranken der Form (3.9b)?

4.2.3. Satz

Alle $\hat{A}$-Verfahren sind $\hat{A}$-stabil.

4.2.4. Beweis. Aus (3.8a/b) folgt

$$z_j^* = \hat{A}z_{j-1}^* + h\hat{\phi}(x_{j-1}, z_{j-1}^*, z_j^*; h) \qquad z_o^* = \zeta_o \qquad j=1(1)p.$$
$$z_j = \hat{A}z_{j-1} + h\hat{\phi}(x_{j-1}, z_{j-1}, z_j; h) + h\delta_j \;; \quad z_o = \zeta_o + \delta_o$$

Mit $q_j := z_j - z_j^*$ und $e_j := \hat{\phi}(x_{j-1}, z_{j-1}, z_j; h) - \hat{\phi}(x_{j-1}, z_{j-1}^*, z_j^*; h)$ folgt

$$q_o = \delta_o; \quad q_j = \hat{A}q_{j-1} + h\delta_j + he_j, \qquad j=1(1)p.$$

Induktion ergibt:

$$q_j = (\hat{A}^j\delta_o + h\sum_{\ell=1}^{j} \hat{A}^{j-\ell}\delta_\ell) + h\sum_{\ell=1}^{j} \hat{A}^{j-\ell}e_\ell \quad , \quad j=o(1)p. \tag{4.4}$$

Mit (1.16a/b), Seite 8, erhält man

$$|q_j| \le \|\delta\|_h^{\hat{A}} + hD\sum_{\ell=1}^{j}(K_1|q_{\ell-1}| + K_2|q_\ell|)$$

und durch Induktion ergibt sich für $hDK_2<1$:

$$|q_j| \le \frac{(1+hu)^{j-1}}{(1-hDK_2)}(\|\delta|_h^{\hat{A}} + hDK_1|q_o|) \;; \quad u := \frac{D(K_1+K_2)}{(1-hDK_2)} \;; \tag{4.5}$$

wegen $(1+hu)^j \le e^{hju} < e^{(b-a)u}$ und $|q_o| = |\delta_o| \le \|\delta\|_h^{\hat{A}}$ folgt hieraus:

$$\|q\|_h := \max_{o\le j\le p}|q_j| \le \frac{e^{(b-a)u}}{(1-hDK_2)}(1+hDK_1)\|\delta\|_h^{\hat{A}}. \tag{4.6}$$

Damit ist die Stabilitätsforderung (3.11) für alle $h\epsilon(0,h_1]$ mit $h_1DK_2<1$ erfüllt und gezeigt, daß $\|\delta\|_h^{\hat{A}}$ *Stabilitäts*funktional für alle $\hat{A}$-Verfahren ist.

4.2.5. Gleichung (4.4) ist der Grund für die Definition 4.2.1. Das Funktional $\Psi_h[\delta]=\|\delta\|_h^{\hat{A}}$ bietet sich dort (infolge der in § 1.4. eingeführten Notation) als natürlichste Wahl für $\Psi_h[\delta]$ an. Der Beweis 4.2.4. belegt auch die in 4.2.1. getroffene Feststellung, daß die Spijker-Norm Ψ_h^{Sp} für $\hat{A}\neq I$ i.allg. nicht die günstigste Wahl darstellt. Eine Ausnahme bildet der Fall mit

$$\hat{A} = \begin{pmatrix} 0 & 1 & 0 & \dots & 0 \\ 0 & 0 & 1 & \dots & 0 \\ \dots & \dots & \dots & \dots & \dots \\ 0 & 0 & 0 & \dots & 1 \\ 0 & 0 & 0 & \dots & 1 \end{pmatrix},$$

der bei allen Adams-Verfahren (s. Kap. 9) auftritt. Wie man leicht nachprüft, gilt in diesem Fall für alle δ der Form (2.18): $\|\delta\|_h^I=\|\delta\|_h^{\hat{A}}$, d.h. die $\hat{A}$-Norm und Spijkers Norm sind in diesem Fall gleichwertig, was ein Ergebnis von Stetter (s. |78|, Seite 84) verständlich macht. Offensichtlich handelt es sich hier jedoch um einen *sehr speziellen Fall*.

4.2.6. Obwohl der Stabilitätsbegriff 4.2.1. mit $\tilde{A}=\hat{A}$ für $\hat{A}$-Verfahren optimal ist (wie im Paragraphen 4.4. gezeigt werden wird) und somit die strengste aller sinnvollen Stabilitätsanforderungen darstellt, fordert er dennoch *nicht mehr als die Dahlquist-Stabilität* in der Verallgemeinerung des Abschnitts 1.4.3. (und die Lipschitzbedingung (1.16b), die bei Differentialgleichungsproblemen der Form (1.1) meist durch (1.2) gewährleistet ist). Das ist insofern bemerkenswert, als man der (unrichtigen) Meinung sein könnte, der Stabilitätsbegriff müsse umso restriktiver sein, je genauer die Fehlerschranken (3.9a/b) sind.

4.2.7. Satz 4.2.3. rechtfertigt nun die folgende *vereinfachte Ausdrucksweise:*

> Wir nennen ein Verfahren der Form (1.15), welches der Lipschitzbedingung (1.16b) genügt, *stabil* (bzw. *stark* oder *schwach stabil*), wenn die Matrix $\hat{A}$ dem Wurzelkriterium (bzw. dem starken oder schwachen Wurzelkriterium) genügt; wir nennen es *instabil*, wenn $\hat{A}$ dem Wurzelkriterium *nicht* genügt.

Das Wort "stabil" soll ab jetzt also stets $\hat{A}$-stabil bedeuten, wobei sich das zugehörige $\hat{A}$ aus dem Zusammenhang ergibt. Wir sprechen im folgenden nur dann von "$\hat{A}$-stabil", wenn auf die Matrix $\hat{A}$ besonders hingewiesen werden soll.

4.3. Anwendungen des Satzes 4.2.3. und Beispiele

Die Anwendung der bisherigen Ergebnisse auf spezielle $\hat{A}$-Verfahren, und zwar auf lineare k-Schrittverfahren, Prädiktor-Korrektor-Verfahren und lineare zyklische Verfahren, ergibt die nachfolgenden Korollare zu Satz 4.2.3.

Aus dem Abschnitt 1.5.2. folgt in Verbindung mit Satz 4.2.3.:

4.3.1. Korollar

Ein lineares k-Schrittverfahren $M(\rho,\sigma)$ ist genau dann stabil, wenn es dem Wurzelkriterium genügt, d.h. wenn

(a) keine Nullstelle von $\rho(\mu)$ betragsmäßig größer ist als 1,

(b) die Nullstellen vom Betrag 1 einfach sind.

Außerdem gilt die Fehlerschranke (4.5) mit

$$K_1=L\sum_{j=o}^{k-1}|\beta_j| \quad \text{und} \quad K_2=L|\beta_k| \tag{4.7}$$

und den lokalen Ersetzungsfehlern (2.18), S. 23.

4.3.2. Die Koeffizienten α_i und β_i $(i=o(1)k;\ \alpha_k=1)$ eines linearen Mehrschrittverfahrens der Konsistenzordnung q können nach Satz 2.3.3. aus dem linearen Gleichungssystem

$$c_o:=\sum_{i=o}^{k}\alpha_i=o; \qquad c_1:=\sum_{i=1}^{k}i\alpha_i-\sum_{i=o}^{k}\beta_i=o$$

$$c_\ell:=\frac{1}{\ell!}\sum_{i=1}^{k}i^\ell\alpha_i-\frac{1}{(\ell-1)!}\sum_{i=1}^{k}i^{\ell-1}\beta_i=o, \quad \ell=2(1)q\,, \tag{4.8}$$

bestimmt werden.

Theoretisch ist daher für implizite Verfahren ($\beta_k \neq o$) die Konsistenzordnung q=2k möglich und für explizite Verfahren ($\beta_k = o$) die Konsistenzordnung q=2k-1, denn es sind (2k+1) bzw. 2k Koeffizienten verfügbar, um die q+1 Gleichungen (4.8) zu erfüllen. Es zeigt sich jedoch, daß (für festes k) alle Verfahren ab einer bestimmten Konsistenzordnung *instabil* sind; es gilt nämlich der folgende Satz von Dahlquist[1] ("Dahlquist-Barriere"):

4.3.3. Satz

Ein *stabiles*[2], explizites k-Schrittverfahren ($\beta_k = o$) der Form (1.6) hat höchstens die Konvergenzordnung q=k; ein *stabiles* implizites k-Schrittverfahren ($\beta_k \neq o$) hat höchstens die Konvergenzordnung q=k+2, wenn k gerade ist und q=k+1, wenn k ungerade ist.

Dieser Satz verdeutlicht nochmals, daß eine Approximation höherer Ordnung des Differentialoperators T durch Differenzenoperatoren T_h nicht notwendig zu genaueren numerischen Verfahren führen muß.

4.3.4. Beispiele für konvergente lineare k-Schrittverfahren:

1. Das explizite 3-Schrittverfahren

$$y_j^* = \frac{1}{3}(y_{j-1}^* + y_{j-2}^* + y_{j-3}^*) + \frac{h}{6}(13f_{j-1}^* - 4f_{j-2}^* + 3f_{j-3}^*)$$

ist stabil und hat bei geeigneten Startwerten für $y \in C^4[a,b]$ die Konsistenzordnung 3. Nach Satz 3.3.2. konvergiert es dann (wenigstens) mit der Ordnung 3.

2. Das implizite 2-Schrittverfahren von Milne-Simpson:

$$y_j^* = y_{j-2}^* + \frac{h}{3}(f_j^* + 4f_{j-1}^* + f_{j-2}^*)$$

ist stabil und hat bei geeigneten Startwerten für $y \in C^5[a,b]$ die Konsistenzordnung 4 (wie in Abschnitt 2.2.2. gezeigt wurde). In Abschnitt 9.4.2. wird gezeigt, daß es das *einzige stabile* lineare 2-Schrittverfahren mit der Konsistenzordnung 4 ist. Wegen $\rho(\mu) = \mu^2 - 1$ ist es *schwach* stabil.

---

[1] Dahlquist: Convergence and Stability in the Numerical Integration of O.D.E., Math. Scand. 4, 33-53 (1956)

[2] man beachte 4.2.7., Seite 34.

3. Das in 3.1. betrachtete "Verfahren":

$$y_0^*=\eta_0;\ y_1^*=\eta_1;\ y_j^*-4y_{j-1}^*+3y_{j-2}^*+2hf_{j-1}^*=0,\quad j=2(1)m,$$

hat das erzeugende Polynom

$$\rho(\mu)=\mu^2-4\mu+3=(\mu-1)(\mu-3)$$

mit den Nullstellen $\mu_1=1$ und $\mu_2=3$. Es ist daher *instabil*.

Dennoch hatten wir gesehen, daß es für die Differentialgleichung

$$y'(x)=\lambda y(x)\ ;\quad y(o)=1$$

konvergiert, wenn man $\eta_0=1$ *und* $\eta_1=(2-\lambda h)-\sqrt{1-4\lambda h+(\lambda h)^2}$ wählt. In diesem Falle gilt nämlich

$$y_j^*=C_1e^{\lambda x_j}+C_2 3^{x_j/h}\cdot e^{-\lambda x_j}+\mathcal{O}(h)$$

mit $C_1=1$ und $\underline{C_2=0}$.

Trotzdem ist eine *praktische* Anwendung des Verfahrens auch bei dieser speziellen Wahl von η_1 *nicht* möglich, weil durch Rundungsfehler $C_2\neq 0$ wird, was bei längerer Rechnung die Lösung $e^{\lambda x_j}$ völlig verfälscht.

Aus Satz 4.2.3. und Satz 1.5.4. folgt:

<u>4.3.5. Korollar</u>

Ein P-C-Verfahren ist genau dann stabil, wenn der Korrektor stabil ist.

Der Prädiktor $M(\rho_1,\sigma_1)$ eines P-C-Verfahrens darf somit auch *instabil* sein, d.h. er braucht nicht dem Wurzelkriterium zu genügen.

Aus Abschnitt 1.5.6. (Seite 11) folgt in Verbindung mit Satz 4.2.3.:

4.3.6. Korollar

Ein M-zyklisches k-Schrittverfahren ist genau dann stabil[1], wenn

(a) die Eigenwerte von $\hat{A}:=L^{-1}U$ betragsmäßig ≤ 1 sind,

(b) zu Eigenwerten vom Betrag 1 nur *lineare* Elementarteiler gehören.

In 1.5.8. wurde bereits angemerkt, daß die Eigenwerte von $\hat{A}$ den Bedingungen (a) und (b) genügen können, auch wenn keine Stufe das Dahlquistsche Wurzelkriterium erfüllt.
Praktisch bedeutet das: Ein *M-zyklisches Verfahren kann stabil sein, obwohl einige oder alle seine Stufen instabil sind.* Verwendet man als Stufen insbesondere *instabile* lineare k-Schrittformeln hoher Konsistenzordnung, so lassen sich stabile Verfahren gewinnen, deren Konvergenzordnung *größer* ist, als die (durch Satz 4.3.3., S. 36, bestimmte) *maximale* Ordnung *stabiler* linearer Mehrschrittverfahren.

4.3.7. Donelson und Hansen[2] haben als erste systematisch zyklische Mehrschrittverfahren berechnet; von ihnen stammt das folgende *Beispiel* eines stabilen M=3,k=3-Verfahrens:

$$33y^*_{3j} + 24y^*_{3j-1} - 57y^*_{3j-2} = h(10f^*_{3j} + 57f^*_{3j-1} + 24f^*_{3j-2} - f^*_{3j-3}) \quad (4.9a)$$

$$125y^*_{3j+1} - 144y^*_{3j} - 117y^*_{3j-1} + 136y^*_{3j-2} = h(42f^*_{3j+1} + 117f^*_{3j} - 144f^*_{3j-1} - 45f^*_{3j-2}) \quad (4.9b)$$

$$58y^*_{3j+2} + 531y^*_{3j+1} - 306y^*_{3j} - 283y^*_{3j-1} = h(9f^*_{3j+2} + 306f^*_{3j+1} + 531f^*_{3j} + 84f^*_{3j-1}) \quad (4.9c)$$

Alle drei Stufen sind instabil und haben für $y \in \mathbf{C}^7[a,b]$ die Konsistenzordnung 5; dennoch konvergiert das Verfahren sogar mit der *Ordnung 6* (wenn Startwerte und Prädiktoren ausreichende Ordnung haben), wie wir in Kapitel 5 zeigen werden.

---

[1] man beachte 4.2.7., Seite 34.

[2] Donelson, Hansen: Cyclic Composite Multistep Predictor-Corrector Methods, SIAM J. Numer. Anal. 8, 137-157 (1971).

4.3.8. Ähnlich wie im Falle der Konsistenz, soll auch jetzt wieder an einem Beispiel gezeigt werden, daß der Stabilitätsbegriff des Abschnitts 4.2.1. und der Satz 4.2.3. auch auf andere Diskretisierungsprobleme als die gewöhnlicher Differentialgleichungen anwendbar ist. Hierzu betrachten wir wieder die parabolische Differentialgleichung (2.6), für die sich in Kapitel 2 durch Diskretisierung die folgenden Verfahren (2.8a-c) ergaben:

a) $$u_j^{*(\ell+1)}=(1-\frac{2\sigma\Delta t}{(\Delta x)^2})u_j^{*(\ell)}+\frac{\sigma\Delta t}{(\Delta x)^2}(u_{j+1}^{*(\ell)}+u_{j-1}^{*(\ell)})+\Delta t\, f_j^{*(\ell)};$$

$$j=1(1)m_1-1;\quad \ell=o(1)m_2-1$$

b) $$u_j^{*(\ell+1)}=u_j^{*(\ell-1)}+\frac{2\sigma\Delta t}{(\Delta x)^2}(u_{j+1}^{*(\ell)}-2u_j^{*(\ell)}+u_{j-1}^{*(\ell)})+2\Delta t\, f_j^{*(\ell)};$$

$$j=1(1)m_1-1;\quad \ell=1(1)m_2-1$$

c) $$\frac{-\sigma\Delta t}{(\Delta x)^2}u_{j+1}^{*(\ell+1)}+(1+\frac{2\sigma\Delta t}{(\Delta x)^2})u_j^{*(\ell+1)}-\frac{\sigma\Delta t}{(\Delta x)^2}u_{j-1}^{*(\ell+1)}=u_j^{*(\ell)}+\Delta t\, f_j^{*(\ell)}$$

$$j=1(1)m_1-1;\quad \ell=o(1)m_2-1$$

Wir setzen: $a=\frac{\sigma\Delta t}{(\Delta x)^2}$ und

$$u_\ell^*:=\begin{pmatrix}u_1^{*(\ell)}\\ \vdots\\ u_{m_1-1}^{*(\ell)}\end{pmatrix};\quad u_o^*:=\begin{pmatrix}\eta(\Delta x)\\ \vdots\\ \eta((m_1-1)\Delta x)\end{pmatrix};\quad f_\ell^*:=\begin{pmatrix}f_1^{*(\ell)}\\ \vdots\\ f_{m_1-1}^{*(\ell)}\end{pmatrix};\quad A_1=\begin{pmatrix}(1-2a) & a & 0 & \dots & 0\\ a & (1-2a) & a & \dots & 0\\ 0 & a & (1-2a) & \dots & 0\\ \dots & \dots & \dots & \dots & \dots\\ 0 & 0 & \dots & a & (1-2a)\end{pmatrix}$$

$$C=\begin{pmatrix} -2 & 1 & 0 & \dots & 0 \\ 1 & -2 & 1 & \dots & 0 \\ 0 & 1 & -2 & \dots & 0 \\ \cdot & \cdot & \cdot & \cdot & \cdot \\ 0 & 0 & \dots & 1 & -2 \end{pmatrix} ; \quad A_3=\begin{pmatrix} (1+2a) & -a & 0 & \dots & 0 \\ -a & (1+2a) & -a & \dots & 0 \\ 0 & -a & (1+2a) & \dots & 0 \\ \cdot & \cdot & \cdot & \cdot & \cdot \\ 0 & 0 & \dots & -a & (1+2a) \end{pmatrix}$$

Dann gehen a)-c) über in die Darstellungen:

a) $u^*_{\ell+1}=A_1u^*_\ell+\Delta t\ f^*_\ell$; $\quad \ell=o(1)m_2-1$ (4.10a)

b) $u^*_{\ell+1}=2a\ C\ u^*_\ell+u^*_{\ell-1}+2\Delta t\ f^*_\ell$; $\quad \ell=1(1)m_2-1$

mit $v^*_\ell=\begin{pmatrix} u^*_{\ell-1} \\ u^*_\ell \end{pmatrix}$ erhält man hieraus das Einschrittverfahren

$v^*_{\ell+1}=A_2v^*_\ell+2\Delta t\cdot g^*_\ell$; $v^*_1=\begin{pmatrix} u^*_o \\ u^*_1 \end{pmatrix}$; $\quad \ell=1(1)m_2-1$ (4.10b)

mit $A_2=\begin{pmatrix} \mathcal{O} & I \\ I & 2aC \end{pmatrix}$; $g^*_\ell=\begin{pmatrix} \mathcal{O} \\ f^*_\ell \end{pmatrix}\epsilon\mathbb{R}^{2(m_1-1)}$; $\quad I:(m_1-1,m_1-1)$-Einheitsmatrix

c) $A_3u^*_{\ell+1}=u^*_\ell+\Delta t\ f^*_\ell$;

$u^*_{\ell+1}=A_3^{-1}u^*_\ell+\Delta t\ A_3^{-1}\ f^*_\ell$; $\quad \ell=o(1)m_2-1.$ (4.10c)

Alle drei Verfahren sind damit auf die Form (1.15) zurückgeführt, ihre Stabilität ergibt sich daher nach den Bemerkungen in Abschnitt 4.2.7. aus den Eigenwerten der Matrizen A_1, A_2 und A_3^{-1}:

a) Man kann zeigen, daß die Eigenwerte von A_1 gegeben sind durch:

$\mu_j = 1-4a \sin^2\left(\frac{j\pi}{2m_1}\right)$, $j=1(1)m_1-1$; für $o<a\leq\frac{1}{2}$ gilt für den Spektralradius von A_1: $\rho(A_1)<1$; das explizite Verfahren (2.8a) ist daher stabil für $a = \frac{\sigma\Delta t}{(\Delta x)^2} \leq \frac{1}{2}$.

b) Ist $\mu \neq o$ Eigenwert von A_2, so folgt aus $\det(A_2-\mu I)=o$ durch Multiplikation von links mit $\det \begin{matrix} I & O \\ I & \mu I \end{matrix}$, $\mu\neq o$:

$$\det\ (2a\mu C+(1-\mu^2)I)=o$$
$$\det\ \left(C+\frac{1-\mu^2}{2a\mu}\,I\right) \quad =o,$$

Ist μ Eigenwert von C, so gilt daher $\mu=a\lambda+\sqrt{a^2\lambda^2+1}$. Da alle Eigenwerte von C von Null verschieden sind, existieren somit für beliebiges a Eigenwerte μ mit $|\mu|>1$; das 2-Schritt-verfahren (2.8b) ist somit *für alle Δx und Δt instabil*. Ersetzt man jedoch in (2.8b) den Term $2u_j^{(\ell)}$ durch $(u_j^{(\ell-1)}+u_j^{(\ell+1)})$, so ergibt sich das *Verfahren von Du Fort-Frankel*, welches *für alle Δx und Δt stabil* ist.

c) Alle Eigenwerte von A_3 sind (vgl. A_1 mit $a:=-a$) für $a>o$ größer als 1; daher gilt $\rho(A_3^{-1})<1$ für beliebiges $a>o$. Das implizite Verfahren (2.8c) ist deshalb *für alle Δx und Δt stabil*.

4.4. Definition eines optimalen Stabilitätsfunktionals

4.4.1. Definition

Sei Ψ_h ein von $\hat{\phi}$ unabhängiges Stabilitätsfunktional des Verfahrens (3.8a), S. 27. Ψ_h heißt *optimal*, wenn für alle $\delta\in\mathbb{G}_h$ und alle $h\in(0,h_1]$ gilt:

(a)
$$\|z-z^*\|_h=\Psi_h[\delta] \ , \qquad (4.11a)$$

falls $\hat{\phi}(x,u,v;h)$ von u und v unabhängig ist;

(b) zu beliebigem $\varepsilon>0$ existiert ein $\gamma>0$, so daß gilt:

$$(1-\varepsilon)\Psi_h[\delta] \leq \|z-z^*\|_h \leq (1+\varepsilon)\Psi_h[\delta] \ , \qquad (4.11b)$$

für alle $\hat{\phi}$ mit $K_1+K_2<\gamma$.

Die Spijker-Norm (3.12c), zum *Beispiel*, ist für $\hat{A}$-Verfahren mit $\hat{A}\neq I$ *nicht* optimal im Sinne dieser Definition, wie Gleichung (4.4), S. 33, beweist.
Hier zeigt sich, wie vorteilhaft die Einführung von $\hat{A}$-Verfahren ist; nur so gelangt man nämlich zu Gleichung (4.4), aus der sich das optimale Stabilitätsfunktional $\Psi_h[\delta]=\|\delta\|_h^{\hat{A}}$ geradezu zwangsläufig ergibt.

4.4.2. Satz

In $\mathbb{G}_h$ sei die Maximumnorm[1] (3.12a) gegeben; dann ist $\Psi_h[\delta]=\|\delta\|_h^{\hat{A}}$ optimal für $\hat{A}$-Verfahren und erlaubt die folgenden *zweiseitigen* Fehlerschranken:

$$C_1\|\delta\|_h^{\hat{A}} \leq \max_{0\leq j\leq p} |z_j-z_j^*| \leq C_2\|\delta\|_h^{\hat{A}} \qquad (4.12)$$

mit $h\in(0,h_1]$, $h_1DK_2 < 1$ (siehe Abschnitt 4.2.4.)
und $C_1=[1+(b-a)D(K_1+K_2)]^{-1}$,
$C_2=e^{(b-a)u}(1-hDK_2)^{-1}(1+hDK_1)$

$$u:=\frac{D(K_1+K_2)}{1-hDK_2} \ ; \quad \|\hat{A}^j\|\leq D \ , \text{ für alle } j\in\mathbb{N}.$$

---

[1] die Verallgemeinerung auf andere Normen in $\mathbb{G}_h$ wird in Abschnitt 4.4.4. skizziert

4.4.3. Beweis. (4.11a) folgt aus Gleichung (4.4) und (4.11b) ist erfüllt, wenn (4.12) gilt. Die rechte Seite von (4.12) ist bereits durch (4.6) bewiesen. Zum Beweis der linken Seite gehen wir von (4.4) aus:

$$(\hat{A}^j\delta_o+h\sum_{\ell=1}^{j}\hat{A}^{j-\ell}\delta_\ell)=q_j-h\sum_{\ell=1}^{j}\hat{A}^{j-\ell}e_\ell .$$

Dann gilt:
$$\|\delta\|_h^{\hat{A}} \leq \max_{o\leq j\leq p}|q_j| + \max_{o\leq j\leq p}\{hD\sum_{\ell=1}^{j}(K_1|q_{\ell-1}|+K_2|q_\ell|)\}$$
$$\leq \max_{o\leq j\leq p}|q_j|\{1+hpD(K_1+K_2)\}$$
$$\leq \max_{o\leq j\leq p}|q_j|\{1+(b-a)D(K_1+K_2)\}.$$

Somit ist
$$C_1\|\delta\|_h^{\hat{A}} \leq \max_{o\leq j\leq p}|q_j| .$$

4.4.4. In den vorstehenden Abschnitten wurde gezeigt, daß die $\hat{A}$-Norm optimales Stabilitätsfunktional für $\hat{A}$-Verfahren ist, wenn in $\mathfrak{G}_h$ die *Maximumnorm* $\|\cdot\|_h^*$ gegeben ist.

Hat $\mathfrak{G}_h$ eine *andere Norm* $\|\cdot\|_h$, so betrachtet man das Funktional

$$\Psi_h[\delta]:=\|w\|_h \quad \text{mit} \quad w_j:=\hat{A}^j\delta_o+h\sum_{\ell=1}^{j}\hat{A}^{j-\ell}\delta_\ell \tag{4.13}$$

statt $\Psi_h[\delta]=\|w\|_h^*$ und erhält so eine *Verallgemeinerung der $\hat{A}$-Stabilität.*

Die Aussagen und Beweise der Sätze 4.2.3. und 4.4.2. bleiben dabei im wesentlichen unverändert, wenn man noch gewisse zusätzliche Forderungen an die Norm $\|\cdot\|_h$ stellt. Die Notwendigkeit solcher Einschränkungen erkennt man am einfachsten, wenn man die Beweise 4.2.4. und 4.4.3. für die verallgemeinerte $\hat{A}$-Stabilität zu führen versucht. Man kommt dabei zu Ergebnissen, die Spijker für einen komplizierteren (jedoch nicht allgemeineren) Fall in |77| darstellt. Auch Spijkers in |77| vorgeschlagenen (impliziten) Stabilitätsfunktionale sind optimal, aber schwieriger zu handhaben als die $\hat{A}$-Norm. Mika[1] wies jedoch darauf hin, daß sie in die $\hat{A}$-Norm übergehen, wenn man die in |77| betrachteten k-Schrittverfahren zuvor auf die Normalform (1.15) bringt. Spijkers Ergebnisse sind damit in unserer Darstellung enthalten.

---
[1] GAMM-Tagung Kopenhagen, 1977

4.5. Stabilitätsfunktionale maximaler Ordnung

Nachdem nun eine explizite Darstellung des optimalen Stabilitätsfunktionals vorliegt, fragen wir jetzt nach der höchstmöglichen Ordnung dieses Funktionals. Wir wollen damit diejenigen $\hat{A}$-Verfahren finden, die mit *maximaler Ordnung* konvergieren.

Als Ergebnis erhält man Satz 4.5.3., der von großer praktischer Bedeutung bei der Gewinnung mehrstufiger Verfahren *hoher Ordnung* für das Anfangswertproblem (1.1) ist; wie wir in Kapitel 5 sehen werden, bildet er insbesondere die Basis für eine geschlossene Theorie *zyklischer* Verfahren hoher Ordnung. Es sei aber betont, daß die Ergebnisse dieses Paragraphen ganz allgemein für alle möglichen $\hat{A}$-Verfahren gelten und ihre Anwendung nicht auf Differentialgleichungsprobleme beschränkt ist.

4.5.1. Lemma

Seien $\mu_1=1$, $\mu_i \neq 1$ $(i=2(1)s)$ die Eigenwerte der (s,s)-Matrix $\hat{A}$, $\{u(\mu_i),\ i=1(1)s\}$ eine Normalbasis in $\mathbb{R}^s$, $p^T \neq \mathcal{O}$ ein Links-Eigenvektor zum Eigenwert μ_1 von $\hat{A}$, d.h. $p^T\hat{A}=p^T$

und $t := \sum_{i=1}^{s} d_i u(\mu_i)$.

Dann gilt $d_1=0$ genau dann, wenn $p^T t=0$ ist.

4.5.2. Beweis. Sei r_i die Stufe des Hauptvektors $u(\mu_i)$; dann ist $(\hat{A}-\mu_i I)^{r_i} u(\mu_i)=\mathcal{O}$ und aus $p^T\hat{A}^{\ell}=p^T$ für beliebiges $\ell\in\mathbb{N}$ folgt:

$$p^T\left\{\sum_{\ell=0}^{r_i}\binom{r_i}{\ell}(-\mu_i)^{r_i-\ell}\hat{A}^{\ell}\right\}u(\mu_i)=(1-\mu_i)^{r_i}p^T u(\mu_i)=0\ , \quad i=1(1)s.$$

Somit gilt $p^T u(\mu_i)=0$ für alle $i \neq 1$, und aus $p^T \neq \mathcal{O}$ und der linearen Unabhängigkeit der $u(\mu_i)$, $i=1(1)s$, folgt $p^T u(1) \neq 0$. Die Behauptung ergibt sich nun aus $p^T t=d_1 p^T u(1)$.

Die $\hat{A}$-Norm hat die bemerkenswerte Eigenschaft, daß $\|\delta\|_h^{\hat{A}}$ von der Ordnung (q+1) in h sein kann, d.h. $\|\delta\|_h^{\hat{A}}=\mathcal{O}(h^{q+1})$, auch wenn die δ_j $(j=1(1)p)$ nur die Ordnung q haben. Es gilt nämlich der folgende Satz |2|:

4.5.3. Satz

(a) $\delta_j \in \mathbb{R}^s$ habe für alle $h\in(0,h_o]$ die Form

$$\delta_o=\mathcal{O}(h^{q+1}) \tag{4.14a}$$

$$\delta_j=h^q g(x_j)t+\mathcal{O}(h^{q+1}),\ j=1(1)p \tag{4.14b}$$

mit $q\in\mathbb{N}$, einem von h und j unabhängigen Vektor $t\in\mathbb{R}^s$ und einer beschränkten Gitterfunktion $g:I_h'\to\mathbb{R}$ (vgl. hierzu (2.18), S. 23!);

(b) für die Eigenwerte μ_i von $\hat{A}$ möge gelten:

$$\mu_1=1;\quad |\mu_i|<1,\quad i=2(1)s. \tag{4.15}$$

Dann ist

$$|\delta|_h^{\hat{A}}=\mathcal{O}(h^{q+1}) \tag{4.16}$$

genau dann, wenn (wenigstens) eine der beiden folgenden Bedingungen erfüllt ist:

$$p^T t=0 \quad \text{mit} \quad p^T\hat{A}=p^T,\ p^T\neq\mathcal{O}, \tag{4.17a}$$

$$\left|\sum_{\ell=1}^{j} g(x_\ell)\right| \le C \tag{4.17b}$$

mit einer von h und $j\le p$[1)] unabhängigen Konstanten C.

4.5.4. Definition

Die Bedingungen (4.17a) und (4.17b) wollen wir *Ordnungsbedingungen* nennen.

---

1) p hängt von h ab

<u>4.5.5.</u> <u>Beweis.</u> Aus (4.14a/b) folgt mit $t=\sum_{i=1}^{s} d_i u(\mu_i)$:

$$\|\delta\|_h^{\hat{A}} = \max_{o\leq j\leq p} \left| \hat{A}^j \delta_o + h^{q+1} \sum_{\ell=1}^{j} \hat{A}^{j-\ell} g(x_\ell) \sum_{i=1}^{s} d_i u(\mu_i) + \mathcal{O}(h^{q+1}) \right|^{1)}$$

$$= \max_{o\leq j\leq p} \left| S_j h^{q+1} + \mathcal{O}(h^{q+1}) \right|$$

mit $$S_j := d_1 \{ \sum_{\ell=1}^{j} g(x_\ell) \} u(1) + \sum_{i=2}^{s} d_i \sum_{\ell=1}^{j} g(x_\ell) \{ \sum_{r=o}^{r_i-1} P_{ir}(\ell) \hat{A}^r \} \mu_i^{j-\ell} u(\mu_i), \qquad (4.18)$$

wobei P_{ir} Polynome vom Grad (r_i-1) sind.

Wegen Voraussetzung (b) und Lemma 4.5.1. ist S_j für alle $h\epsilon(0,h_o]$ und alle $j\leq p$ genau dann beschränkt, wenn (4.17a) oder (4.17b) gilt.

<u>4.5.6.</u> <u>Verallgemeinerungen von Satz 4.5.3.</u>

(1) Wie man leicht erkennt, gilt Satz 4.5.3. auch noch, wenn man (b) durch die folgende, schwächere Voraussetzung ersetzt:

$$\mu_i=1,\ i=1(1)m<s; \qquad |\mu_i|<1,\ i=m+1(1)s; \qquad (4.15)^*$$

zum m-fachen Eigenwert $\mu=1$ gehören lineare Elementarteiler. Bedingung (4.17a) ist in diesem Fall durch

$$p_i^T t = 0, \quad i=1(1)m, \qquad (4.17a)^*$$

zu ersetzen, wobei $p_i^T \neq \mathcal{O}$ *linear unabhängige* Links-Eigenvektoren zum Eigenwert $\mu=1$ von $\hat{A}$ sind, d.h. $p_i^T\hat{A}=p_i^T$, $i=1(1)m$. ***Diese Vektoren brauchen nicht berechnet** zu **werden,*** denn Bedingung (4.17a)* ist offensichtlich äquivalent mit der Forderung:

$$\text{Rang}(I-\hat{A},t)=s-m. \qquad (4.17a)^{**}$$

(2) Ist (4.17b) erfüllt, so hat $\|\delta\|_h^{\hat{A}}$ auch im Falle $\hat{A}=I$ die Ordnung (q+1), wie unmittelbar aus (4.18) folgt.

(3) Ersetzt man Voraussetzung (4.14b) durch die etwas schwächere Forderung: $\delta_j=h^q t(x_j)+\mathcal{O}(h^{q+1})$, so lassen sich (4.17a) und (4.17b) als eine *einzige* Bedingung schreiben[2]: $|\sum_{\ell=1}^{j} p^T t(x_\ell)|\leq C$. Der Beweis 4.5.5. bleibt im wesentlichen derselbe, wenn man $p^T t(x_\ell)=d_1(x_\ell)p^T u(1)$ (vgl. Abschnitt 4.5.2.) berücksichtigt.

1) mit der Vereinbarung $\sum_{\ell=1}^{j} a_\ell := o$ für $j=o$.

2) dieser Hinweis stammt von M.N. Spijker.

(4) (4.17b) ist von $\hat{A}$ unabhängig; das erklärt, warum auch die Spijker-Norm die Ordnung (q+1) ergibt, wenn (4.17b) erfüllt ist. Spijker hat bereits in |75| zyklische Verfahren auf der Basis von (4.17b) konstruiert, was allerdings nur für *primitive*[1] zyklische Verfahren möglich ist.

Mit Satz 4.5.3. ist die Frage beantwortet, welche $\hat{A}$-Verfahren eine höhere *Konvergenz*ordnung haben als ihre Konsistenzordnung angibt. Mit Satz 4.4.2. (Seite 42) folgt nämlich aus Satz 4.5.3. und seiner Verallgemeinerung (1):

4.5.7. Korollar

Der lokale Diskretisierungsfehler des Verfahrens:

$$z_0^*=\zeta_0(h);\quad z_j^*=\hat{A}z_{j-1}^*+h\hat{\phi}(x_{j-1},z_{j-1}^*,z_j^*;h),\quad j=1(1)p,$$

erfülle die Voraussetzung (a) des Satzes 4.5.3.; die Eigenwerte μ_i von $\hat{A}$ mögen der Voraussetzung (4.15)* genügen und $\hat{\phi}$ sei stetig und genüge der Lipschitzbedingung (1.16b). Dann konvergiert das Verfahren genau dann mit der Ordnung (q+1), wenn eine der beiden Bedingungen (4.17a)** oder (4.17b) (mit $g(x)=cy^{(q+1)}(x)$, c=const.) erfüllt ist.

4.5.8. Als *Beispiel* betrachten wir das folgende (nicht-zyklische) 2-stufige 3-Schrittverfahren |1|:

$$y_{j+2}^*=\frac{11}{30}\,y_{j+1}^*+\frac{19}{30}\,\bar{y}_j^*+\frac{h}{720}\,(251f_{j+2}^*+817f_{j+1}^*+97f_j^*+11f_{j-1}^*)\qquad(4.19a)$$

$$\bar{y}_{j+1}^*=\frac{11}{30}\,y_{j+1}^*+\frac{19}{30}\,\bar{y}_j^*+\frac{19}{720}h(-f_{j+2}^*+13f_{j+1}^*+13f_j^*-f_{j-1}^*)\qquad(4.19b)$$

mit $y_0^*=\eta_0$; $y_1^*=\bar{y}_1^*=\eta_1(h)$, $y_2^*=\eta_2(h)$ und $|y(x_1)-\eta_1(h)|=\mathcal{O}(h^5)$, $|y(x_2)-\eta_2(h)|=\mathcal{O}(h^5)$, $j=1(1)p$.

Beide Stufen haben die Konsistenzordnung q=4 und die Fehlerkonstanten $c_5^{(1)}=-19c$; $c_5^{(2)}=11c$, $c=\frac{19}{180\cdot 5!}$.

---

[1] nach Stetter |78|, S. 316, versteht man darunter M-zyklische k-Schrittverfahren mit den Stufen $M(\rho,\sigma_i)$ i=1(1)M, d.h. alle Stufen haben *dasselbe* erzeugende Polynom ρ.

Mit

$$z_j^* := \begin{pmatrix} y_j^* \\ y_{j+1}^* \\ y_{j+2}^* \\ \bar{y}_{j+1}^* \end{pmatrix} \quad ; \quad \hat{A} := \begin{pmatrix} 0 & 1 & 0 & 0 \\ 0 & 0 & 1 & 0 \\ 0 & 0 & \frac{11}{30} & \frac{19}{30} \\ 0 & 0 & \frac{11}{30} & \frac{19}{30} \end{pmatrix} \quad ; \quad \zeta_o(h) := \begin{pmatrix} \eta_o(h) \\ \eta_1(h) \\ \eta_2(h) \\ \eta_1(h) \end{pmatrix}$$

$$\hat{\phi}(x_{j-1}, z_{j-1}^*, z_j^*; h) := \frac{1}{720} \begin{pmatrix} 0 \\ 0 \\ 251\, f_{j+2}^* + 817 f_{j+1}^* + 97 f_j^* + 11 f_{j-1}^* \\ 19(-f_{j+2}^* + 13 f_{j+1}^* + 13 f_j^* - f_{j-1}^*) \end{pmatrix}$$

geht (4.19a/b) über in das $\hat{A}$-Verfahren

$$z_o^* = \zeta_o(h); \quad z_j^* = \hat{A} z_{j-1}^* + h\hat{\phi}(x_{j-1}, z_{j-1}^*, z_j^*; h), \quad j=1(1)p.$$

$\hat{A}$ genügt dem starken Wurzelkriterium und $\hat{\phi}$ erfüllt die Bedingung (1.16b) für Lipschitz-stetiges f.

Die lokalen Ersetzungsfehler haben für $y \in \mathbb{C}^6[a,b]$ die Form (4.14a/b) mit $q=4$, $g(x_j)=cy^{(5)}(x_j)$; $t=(0;0;-19;11)^T$.
$p^T=(0;0;11;19)$ ist Links-Eigenvektor von $\hat{A}$ und es gilt $p^T t=0$. Die Ordnungsbedingung (4.17a) ist somit erfüllt und das Verfahren hat die Konvergenzordnung $q+1=5$.

Im nächsten Kapitel werden wir zeigen, daß die Anwendung von Korollar 4.5.7. auf *zyklische* Verfahren zu einer neuen Theorie der linearen zyklischen Verfahren ***maximaler*** Ordnung führt.

4.6. Ergänzende Bemerkungen

4.6.1. Der Gedanke scheint naheliegend, ein $\hat{A}$-Verfahren mit $\hat{A}=A$ für "stabiler" zu halten als ein $\hat{A}$-Verfahren mit $\hat{A}=B$, wenn die zugehörigen $\hat{A}$-Normen $\Psi_h^{(1)}[\delta]:=\|\delta\|_h^A$ und $\Psi_h^{(2)}[\delta]:=\|\delta\|_h^B$ nicht äquivalent sind und wenn gilt: $\Psi_h^{(1)} \prec \Psi_h^{(2)}$. Das ist jedoch *nicht* möglich, weil $\Psi_h^{(1)}$ und $\Psi_h^{(2)}$ für $A \neq B$ *i.allg.* "unvergleichbar" sind, d.h. es gilt *weder* $\Psi_h^{(1)} \prec \Psi_h^{(2)}$ *noch* $\Psi_h^{(2)} \prec \Psi_h^{(1)}$.

Zur Illustration betrachte man folgendes einfache *Beispiel:* Seien A und B (2,2)-Matrizen; A habe die Eigenwerte $\mu=1$ und $\mu=o$, B die Eigenwerte $\mu=1$ und $\mu=1/2$. Die zugehörigen Eigenvektoren von A bzw. B bezeichnen wir mit $u_A(\mu)$ bzw. $u_B(\mu)$; es sei $u_A(o)=u_B(1)+u_B(\frac{1}{2})$ und $u_B(\frac{1}{2})=u_A(1)+u_A(o)$.

Dann gilt für $\delta_o=0$, $\delta_j=u_A(o)$, $j=1(1)p$: (4.20)

$$\|\delta\|_h^A=h|u_A(o)|=\mathcal{O}(h)$$

$$\|\delta\|_h^B=\max_{o\le j\le p}\left|h\sum_{\ell=1}^{j}B^{j-\ell}u_A(o)\right|=\max_{o\le j\le p}\left|hju_B(1)+h\sum_{\ell=1}^{j}(\tfrac{1}{2})^{j-\ell}u_B(\tfrac{1}{2})\right|$$

$$\le\max_{o\le j\le p}\left|(x_j-a)u_B(1)+2hu_B(\tfrac{1}{2})\right|=\mathcal{O}(1).$$

Für $\delta_o=0$, $\delta_j=u_B(\frac{1}{2})$ gilt aber (4.21)

$$\|\delta\|_h^A=\max_{o\le j\le p}\left|h\sum_{\ell=1}^{j}A^{j-\ell}u_B(\tfrac{1}{2})\right|=\max_{o\le j\le p}\left|hju_A(1)+hu_A(o)\right|=\mathcal{O}(1)$$

$$\|\delta\|_h^B=\max_{o\le j\le p}\left|h\sum_{\ell=1}^{j}B^{j-\ell}u_B(\tfrac{1}{2})\right|$$

$$=\max_{o\le j\le p}\left|h\{1+\tfrac{1}{2}+\ldots+(\tfrac{1}{2})^{j-1}\}u_B(\tfrac{1}{2})\right|\le 2h\left|u_B(\tfrac{1}{2})\right|=\mathcal{O}(h).$$

Somit gilt für *alle* $\delta\in\mathfrak{G}_h$ und *alle* $h\in(0,h_o]$ weder $\|\delta\|_h^A\le C_1\|\delta\|_h^B$, $C_1\ge 0$, noch $\|\delta\|_h^B\le C_2\|\delta\|_h^A$, $C_2\ge 0$.

4.6.2. Die *Spijker-Norm* $\|\delta\|_h^I$ ist zwar vergleichbar mit $\|\delta\|_h^{\hat{A}}$, wenn $\hat{A}$ dem Wurzelkriterium genügt, jedoch ist sie, wie bereits festgestellt, *nicht* optimal und (wegen Satz 4.5.3.) nicht einmal minimal für $\hat{A}$-Verfahren, $\hat{A}\neq I$, welche die Ordnungsbedingung (4.17a), nicht aber (4.17b) erfüllen. Wie im nächsten Kapitel gezeigt werden wird, folgt hieraus insbesondere: Die Spijker-Norm ist *nicht minimal* für lineare k-zyklische k-Schrittverfahren der Ordnung 2k, $k\geq 2$; für lineare k-Schrittverfahren, $k\geq 2$, ist sie minimal, aber nicht optimal (außer im Spezialfall der Adams-Verfahren, siehe Abschnitt 4.2.5., Seite 34).

4.6.3. Wie schon erwähnt, hat Spijker bereits in seiner Doktorarbeit (primitive) zyklische Verfahren der Konvergenzordnung (q+1) auf der Basis der Ordnungsbedingung (4.17b) konstruiert; die Ordnungsbedingung (4.17a), jedoch, läßt sich nicht aus der Spijker Norm ableiten.

Umgekehrt findet man bei Skeel |72| eine (hinreichende, aber nicht notwendige) Bedingung, welche der Ordnungsbedingung (4.17a) entspricht (jedoch von erheblich komplizierterer Struktur ist, was sie für die praktische Anwendung - etwa in der Art des folgenden Kapitel 5 - ungeeignet macht). Bemerkenswert ist dabei, daß Skeel diese Bedingung - ebenso wie Spijker die seine - aus einem Stabilitätsfunktional ableitet, welches *nicht* optimal ist. Analog zur Situation bei der Spijker-Norm läßt sich die Ordnungsbedingung (4.17b) nicht aus Skeels Funktional ableiten.

4.6.4. Es ist interessant, die Ergebnisse des Paragraphen 4.5. mit Abschnitt 5.4.2. in |78| zu vergleichen. Insbesondere weist Stetters Satz 5.4.3. (|78|, Seite 314) bereits in die Richtung unseres Satzes 4.5.3.

5. Anwendungen auf zyklische Verfahren

Durch Linearkombination von jeweils r Stufen lassen sich M-zyklische k-Schrittverfahren in äquivalente[1] M-zyklische (k+r)-Schrittverfahren überführen. Insbesondere kann man so ein k-zyklisches k-Schrittverfahren mit (instabilen) Stufen der Ordnung (2k-1) durch ein "*Hilfssystem*" ersetzen, welches aus einem äquivalenten, *primitiven* k-zyklischen k^2-Schrittverfahren mit *stabilen* Stufen der Ordnung 2k besteht. Für die Spezialfälle k=2,3 und 4 benutzten Donelson und Hansen[2] diese Möglichkeit zur Konstruktion von k-zyklischen k-Schrittverfahren der maximalen Ordnung 2k. Dieses war der erste systematische Versuch, zyklische Verfahren höchster Ordnung zu gewinnen. Der mit dieser Methode verbundene rechnerische Aufwand ist jedoch erheblich und gestaltet die Untersuchung der Fälle k>4 sehr schwierig. Vor allem wird dabei auch das Bildungsgesetz der Bedingung nicht erkennbar, welche die Ordnung 2k bei Stufen der Ordnung (2k-1) sichert (s. Abschnitt 5.2.3.).

Derartige Bedingungen enthält aber gerade der Satz 4.5.3.; tatsächlich ergibt seine Anwendung einen einfacheren und *allgemeineren* Zugang zu den zyklischen Verfahren hoher Ordnung und trägt auch zu einem tieferen Verständnis dieser Verfahren bei. Dazu betrachten wir zunächst zwei Beispiele.

---

[1] In einem in Paragraph 10.7. genauer definierten Sinne.

[2] Donelson, Hansen: Cyclic Composite Multistep Predictor-Corrector Methods, SIAM J. Numer. Anal. 8, 137-157 (1971).

5.1. Einführende Beispiele

5.1.1. Im Falle eines *linearen k-Schrittverfahrens* der Konsistenzordnung $q\in\mathbb{N}$ lautet der lokale Ersetzungsfehler (vgl. (2.18), S.23):

$$\delta_o=z_o-\zeta_o(h);\quad \delta_j=h^q y^{(q+1)}(x_j)t+\mathcal{O}(h^{q+1}),\quad j=1(1)p, \tag{5.1}$$

mit $t=(0,0,\ldots,0,c_{q+1})^T\in\mathbb{R}^k$, $c_{q+1}\neq 0$: Fehlerkonstante.

$\hat{A}$ ist die Frobeniusmatrix (1.17a), S. 9; der Links-Eigenvektor p^T zum Eigenwert $\mu_1=1$ von $\hat{A}$ hat daher die Form $p^T=(p_1,p_2,\ldots,p_{k-1},1)$, wenn man die Konsistenzbedingung $-\sum_{\ell=o}^{k-1}\alpha_\ell=1$, vgl. (2.11), S. 20, beachtet. Es gilt: $p^Tt=c_{q+1}$; die Ordnungsbedingung (4.17a) ist daher wegen $c_{q+1}\neq 0$ *nicht* erfüllbar; ebensowenig Bedingung (4.17b), denn i.allg. ist $\left|\sum_{\ell=o}^{j} y^{(q+1)}(x_\ell)\right|$ unbeschränkt für $j\to\infty$.

Wie erwartet, existiert daher *kein* lineares k-Schrittverfahren mit der Konsistenzordnung q und der *Konvergenz*ordnung (q+1). Die Situation ist jedoch ganz anders bei mehrstufigen Verfahren, wie das folgende Beispiel verdeutlicht.

5.1.2. Betrachten wir ein 2-zyklisches 2-Schrittverfahren:

$$y^*_{2j}+\alpha_1^{(1)}y^*_{2j-1}+\alpha_o^{(1)}y^*_{2j-2}=h(\beta_2^{(1)}f^*_{2j}+\beta_1^{(1)}f^*_{2j-1}+\beta_o^{(1)}f^*_{2j-2}) \tag{5.2a}$$

$$y^*_{2j+1}+\alpha_1^{(2)}y^*_{2j}+\alpha_o^{(2)}y^*_{2j-1}=h(\beta_2^{(2)}f^*_{2j+1}+\beta_1^{(2)}f^*_{2j}+\beta_o^{(2)}f^*_{2j-1}), \tag{5.2b}$$

$$y^*_o=\eta_o;\qquad y^*_1=\eta_1(h),$$

mit *Stufen* der Ordnung $q^{(1)}$bzw. $q^{(2)}$ und *Startwerten* der Ordnung (q+1), $q:=\min(q^{(1)},q^{(2)})$.

Faßt man - wie in 1.5.5., Seite 11 - die linearen Terme mit y^*_{2j} und y^*_{2j+1} auf der linken Seite und die Terme mit y^*_{2j-2} und y^*_{2j-1} auf der rechten Seite zusammen , so geht (5.2a/b) über in:

$$z^*_o=\zeta_o(h);\quad Lz^*_j=Uz^*_{j-1}+h\phi(x_{j-1},z^*_{j-1},z^*_j;h),\quad j=1(1)p \tag{5.3}$$

und damit in das $\hat{A}$-Verfahren:

$$z_j^* = \hat{A} z_{j-1}^* + h\hat{\phi}(x_{j-1}, z_{j-1}^*, z_j^*; h); \quad \hat{A} = L^{-1}U; \quad \hat{\phi} = L^{-1}\phi$$

$$\text{mit} \quad z_j^* := \begin{pmatrix} y_{2j}^* \\ y_{2j+1}^* \end{pmatrix}; \quad L := \begin{pmatrix} 1 & 0 \\ \alpha_1^{(2)} & 1 \end{pmatrix}; \quad U := \begin{pmatrix} -\alpha_o^{(1)} & -\alpha_1^{(1)} \\ 0 & -\alpha_o^{(2)} \end{pmatrix};$$

$$\phi(x_{j-1}, z_{j-1}^*, z_j^*; h) := \begin{pmatrix} \beta_2^{(1)} f_{2j}^* & +\beta_1^{(1)} f_{2j-1}^* + \beta_o^{(1)} f_{2j-2}^* \\ \beta_2^{(2)} f_{2j+1}^* + \beta_1^{(2)} f_{2j}^* & +\beta_o^{(2)} f_{2j-1}^* \end{pmatrix}; \quad \zeta_o(h) := \begin{pmatrix} \eta_o \\ \eta_1(h) \end{pmatrix}.$$

Analog gilt für $y \in C^{q+2}[a,b]$ unter Berücksichtigung der lokalen Ersetzungsfehler (2.13) der beiden Stufen:

$$Lz_j = Uz_{j-1} + h\phi(x_{j-1}, z_{j-1}, z_j; h) + h^{q+1} y^{(q+1)}(x_j) c + \mathcal{O}(h^{q+2})$$

$$z_j := \begin{pmatrix} y_{2j} \\ y_{2j+1} \end{pmatrix}; \quad c := \begin{pmatrix} c_{q+1}^{(1)} \\ c_{q+1}^{(2)} \end{pmatrix}, \quad c_{q+1}^{(r)} = \begin{cases} \text{Fehlerkonstante der } r\text{-ten Stufe,} \\ \text{falls } q^{(r)} = q \\ 0, \text{ falls } q^{(r)} > q \qquad r=1,2. \end{cases}$$

Multiplikation mit L^{-1} zeigt: Der lokale Ersetzungsfehler des zyklischen Verfahrens (5.3) hat die Form (4.14b), Seite 45, d.h. für $j=1(1)p$ gilt:

$$\delta_j = h^q y^{(q+1)}(x_j) t + \mathcal{O}(h^{q+1}) \quad \text{mit} \quad t = L^{-1} c \in \mathbb{R}^2.$$

Man beachte, daß t jetzt mehr als eine von Null verschiedene Komponente hat, so daß man annehmen darf, daß die Ordnungsbedingung (4.17a) für $t \neq \mathcal{O}$ erfüllbar ist. Diese Vermutung wird im nächsten Paragraphen bestätigt.

5.2. M-zyklische k-Schrittverfahren maximaler Ordnung

5.2.1. Völlig analog zu 5.1.2. zeigt man:
Lineare M-zyklische k-Schrittverfahren der Form (vgl. 1.5.6., Seite 11)

$$z_0^*=\zeta_0(h);\quad z_j^*=\hat{A}z_{j-1}^*+h\hat{\phi}(x_{j-1},z_{j-1}^*,z_j^*;h),\quad j=1(1)p, \tag{5.4}$$

$$\hat{A}=L^{-1}U;\quad \hat{\phi}=L^{-1}\phi;\quad z_j^*\varepsilon\mathbb{R}^s;\quad s:=\max(M,k),$$

mit Stufen der Konsistenzordnung $q^{(r)}$ $(r=1(1)M)$ haben für $y\varepsilon\mathbf{C}^{q+2}[a,b]$, $q:=\min\limits_{1\le r\le M} q^{(r)}$, *lokale Ersetzungsfehler* der Form:

$$\delta_0=z_0-\zeta_0(h);\quad \delta_j=h^q y^{(q+1)}(x_j)t+\mathcal{O}(h^{q+1}),\quad j=1(1)p, \tag{5.5}$$

$$\text{mit}\quad t=L^{-1}c;\quad c:=(0,\dots,0,c_{q+1}^{(1)},\dots,c_{q+1}^{(M)})^T\varepsilon\mathbb{R}^s \tag{5.6}$$

$$c_{q+1}^{(r)}:=\begin{cases}\text{Fehlerkonstante der r-ten Stufe,}\\ \text{falls } q^{(r)}=q,\\ 0,\ \text{falls } q^{(r)}>q. \qquad r=1(1)M.\end{cases} \tag{5.7}$$

Die Ordnungsbedingung $p^Tt=0$, $p^T\hat{A}=p^T\neq\mathcal{O}$ geht mit $t=L^{-1}c$ und $\hat{A}=L^{-1}U$ über in

$$p^TL^{-1}c=0,\quad p^TL^{-1}U=p^T.$$

Setzt man $u^T=p^TL^{-1}$, so folgt

$$u^Tc=0,\quad u^T(L-U)=\mathcal{O}.$$

Dieses lineare Gleichungssystem für die Komponenten von u^T hat eine Lösung $u^T\neq\mathcal{O}$, wenn die Systemmatrix $(L-U,c)$ den Rang $s-1$ hat: $\text{Rang}(L-U,c)=s-1$.

Aus Korollar 4.5.7. (Seite 47) folgt nun der folgende *Konvergenzsatz für zyklische Verfahren:*

5.2.2. Satz

Das lineare M-zyklische k-Schrittverfahren (5.4) habe (nicht notwendig stabile) Stufen der Konsistenzordnung $q^{(r)}$, r=1(1)M, und Startwerte der Ordnung (q+1) mit $q := \min_{1 \le r \le M} q^{(r)}$. Für die Nullstellen μ_i (i=1(1)s) des Polynoms $P(\mu)=\det(\mu L-U)$ gelte: $\mu_1=1$, $|\mu_i|<1$, i=2(1)s. Dann konvergiert das Verfahren mit der *Ordnung* (q+1) für alle $y \in \mathbb{C}^{q+2}[a,b]$, wenn die Ordnungsbedingung

$$\text{Rang}(L-U,c)=s-1 \qquad (5.8)$$

erfüllt ist, wobei c in (5.6) definiert ist.

Obwohl sich dieser Satz gemäß Abschnitt 4.5.6., Seite 46, auf den Fall *mehrfacher* Nullstellen $\mu=1$ verallgemeinern läßt, *setzen wir in diesem Kapitel stets* $\mu_1=1$, $|\mu_i|<1$, $i=2(1)s$, *voraus*.

5.2.3. Anmerkungen

(1) $\mu_1=1$ ist *stets* Nullstelle von $P(\mu)=\det(\mu L-U)$, denn (L-U) ist singulär wegen der Konsistenzbedingung $\sum_{\ell=0}^{k-1} \alpha_\ell^{(i)}=-1$ (i=1(1)M) für die Stufen.

(2) Im *Spezialfall* k=M lautet $P(\mu)$:

$$P(\mu)=\det\begin{pmatrix} \mu+\alpha_0^{(1)} & \alpha_1^{(1)} & \dots & \alpha_{k-2}^{(1)} & \alpha_{k-1}^{(1)} \\ \mu\alpha_{k-1}^{(2)} & \mu+\alpha_0^{(2)} & \dots & \alpha_{k-3}^{(2)} & \alpha_{k-2}^{(2)} \\ \cdot & \cdot & \cdot & \cdot & \cdot \\ \mu\alpha_2^{(k-1)} & \mu\alpha_3^{(k-1)} & \dots & \mu+\alpha_0^{(k-1)} & \alpha_1^{(k-1)} \\ \mu\alpha_1^{(k)} & \mu\alpha_2^{(k)} & \dots & \mu\alpha_{k-1}^{(k)} & \mu+\alpha_0^{(k)} \end{pmatrix} \qquad (5.9)$$

(3) Wegen $\det(L-U)=0$ kann man in der Ordnungsbedingung (5.8) die (beispielsweise) vorletzte Spalte von (L-U,c) weglassen; die Determinante der verbleibenden Matrix muß dann gleich Null sein.

Im *Spezialfall* k=M erhält man so die Ordnungsbedingung:

$$\det \begin{pmatrix} 1+\alpha_0^{(1)} & \alpha_1^{(1)} & \dots & \alpha_{k-2}^{(1)} & c_{q+1}^{(1)} \\ \alpha_{k-1}^{(2)} & 1+\alpha_0^{(2)} & \dots & \alpha_{k-3}^{(2)} & c_{q+1}^{(2)} \\ \dots & \dots & \dots & \dots & \dots \\ \alpha_2^{(k-1)} & \alpha_3^{(k-1)} & \dots & 1+\alpha_0^{(k-1)} & c_{q+1}^{(k-1)} \\ \alpha_1^{(k)} & \alpha_2^{(k)} & \dots & \alpha_{k-1}^{(k)} & c_{q+1}^{(k)} \end{pmatrix} = 0 , \qquad (5.10)$$

wobei $c_{q+1}^{(r)}$ durch (5.7) definiert sind.

(4) Im *Spezialfall* k=M *mit Stufen der Konsistenzordnung* q=2k-1 kann man zeigen (siehe Lemma 9.5.5., Seite 124):
$c_{2k}^{(i)}=a(1+\alpha_0^{(i)})$, a=const., i=1(1)k. (5.10) geht hiermit über in die einfachere Bedingung:

$$\det \begin{pmatrix} 1+\alpha_0^{(1)} & \alpha_1^{(1)} & \dots & \alpha_{k-2}^{(1)} & (1+\alpha_0^{(1)}) \\ \alpha_{k-1}^{(2)} & 1+\alpha_0^{(2)} & \dots & \alpha_{k-3}^{(2)} & (1+\alpha_0^{(2)}) \\ \dots & \dots & \dots & \dots & \dots \\ \alpha_2^{(k-1)} & \alpha_3^{(k-1)} & \dots & 1+\alpha_0^{(k-1)} & (1+\alpha_0^{(k-1)}) \\ \alpha_1^{(k)} & \alpha_2^{(k)} & \dots & \alpha_{k-1}^{(k)} & (1+\alpha_0^{(k)}) \end{pmatrix} = 0 . \qquad (5.11)$$

Diese Gleichung stellt das *allgemeine Bildungsgesetz* für die Relation dar, welche für lineare k-zyklische k-Schrittverfahren die Konvergenzordnung 2k garantiert. Donelson und Hansen haben diese Bedingung schon früher für die Fälle k=2,3 und 4 berechnet, ohne jedoch ein allgemeines Gesetz anzugeben.

5.2.4. Mit den Ergebnissen des vorigen Abschnitts lassen sich nun lineare k-zyklische k-Schrittverfahren mit (instabilen) Stufen der Konsistenzordnung q=2k-1 finden, die *mit der Ordnung 2k konvergieren*. Es zeigt sich allerdings, daß Verfahren niedrigerer Ordnung für die praktische Anwendung geeigneter sind. Einzelheiten hierüber werden in Kapitel 10 behandelt.

5.3. Beispiele

5.3.1. Wir betrachten das folgende M=2,k=2-Verfahren:

$$y^*_{2j}-y^*_{2j-2}-\frac{h}{3}(f^*_{2j}+4f^*_{2j-1}+f^*_{2j-2})=0 \qquad (5.12a)$$

$$y^*_{2j+1}+\alpha_1^{(2)}y^*_{2j}+\alpha_o^{(2)}y^*_{2j-1}-h(\beta_2^{(2)}f^*_{2j+1}+\beta_1^{(2)}f^*_{2j}+\beta_o^{(2)}f^*_{2j-1})=0 \qquad (5.12b)$$

mit Startwerten der Ordnung 4.

(5.12a) ist die Simpson-Formel und hat die Konsistenzordnung $q^{(1)}=4$. Man kann zeigen (Abschnitt 9.5.4., Seite 123), daß (5.12b) die Konsistenzordnung $q^{(2)}=3$ besitzt, wenn gilt:

$$\begin{aligned}&\alpha_1^{(2)}=-\alpha_o^{(2)}-1;\quad \beta_o^{(2)}=\frac{-1}{12}(1+5\alpha_o^{(2)})\ ;\\ &\beta_1^{(2)}=\frac{8}{12}(1-\alpha_o^{(2)});\quad \beta_2^{(2)}=\frac{1}{12}(5+\alpha_o^{(2)});\quad \alpha_o^{(2)}\neq-1.\end{aligned} \qquad (5.13)$$

Es ist dann $q=\min(q^{(1)},q^{(2)})=3$ und wegen

$$\alpha_o^{(1)}=-1\ ;\qquad \alpha_1^{(1)}=0\ ;\qquad c_4^{(1)}=0$$

lautet Gleichung (5.10):

$$\begin{vmatrix} 0 & 0 \\ \alpha_1^{(2)} & c_4^{(2)} \end{vmatrix} = 0$$

Sie ist für jeden Wert des Parameters $\alpha_o^{(2)}$ erfüllt, d.h. *jede beliebige* 2-Schrittformel der Konsistenzordnung 3 erfüllt in Verbindung mit (5.12a) die Ordnungsbedingung (5.8). Das Polynom (5.9) lautet:

$$P(\mu)=\begin{vmatrix} \mu-1 & 0 \\ \mu\alpha_1^{(2)} & \mu+\alpha_o^{(2)} \end{vmatrix} = (\mu-1)(\mu+\alpha_o^{(2)})$$

Für *alle* $\alpha_o^{(2)}$ mit $|\alpha_o^{(2)}|<1$ sind die Voraussetzungen des Satzes 5.2.2. erfüllt; das Verfahren hat daher für $y\in\mathbf{C}^5[a,b]$ und $|\alpha_o^{(2)}|<1$ die Konvergenzordnung 4.

Für $\alpha_o^{(2)}=0$ erhält man das Verfahren (1.13a/b), Seite 6; für $0{,}7 \leq \alpha_o^{(2)} < \frac{7}{9}$ ergeben sich Verfahren mit großen reellen Stabilitätsbereichen (s. Abschnitt 7.3.6).

Dieses Beispiel veranschaulicht, wie man M-zyklische k-Schrittverfahren hoher Ordnung konstruieren kann: Man parametrisiert die Stufen (in unserem Beispiel lediglich die Stufe (5.12b) mit dem Parameter $\alpha_o^{(2)}$) und bestimmt die M freien Parameter so, daß das Verfahren stabil ist und gegebenenfalls auch noch einer Ordnungsbedingung genügt.

5.3.2. Das M=3,k=3-Verfahren (4.9a-c) von Donelson und Hansen:

$$\begin{aligned}
y^*_{3j} + \tfrac{24}{33}y^*_{3j-1} - \tfrac{57}{33}y^*_{3j-2} &= \tfrac{h}{33}(10f^*_{3j} + 57f^*_{3j-1} + 24f^*_{3j-2} - f^*_{3j-3})\\
y^*_{3j+1} - \tfrac{144}{125}y^*_{3j} - \tfrac{117}{125}y^*_{3j-1} + \tfrac{136}{125}y^*_{3j-2} &= \tfrac{3h}{125}(14f^*_{3j+1} + 39f^*_{3j} - 48f^*_{3j-1} - 15f^*_{3j-2})\\
y^*_{3j+2} + \tfrac{531}{58}y^*_{3j+1} - \tfrac{306}{58}y^*_{3j} - \tfrac{283}{58}y^*_{3j-1} &= \tfrac{3h}{58}(3f^*_{3j+2} + 102f^*_{3j+1} + 177f^*_{3j} + 28f^*_{3j-1})
\end{aligned}$$

$j=1(1)p$

hat Stufen der Konsistenzordnung q=5 und es ist

$$L=\begin{pmatrix} 1 & 0 & 0 \\ -\frac{144}{125} & 1 & 0 \\ -\frac{306}{58} & \frac{531}{58} & 1 \end{pmatrix}; \quad U=\begin{pmatrix} 0 & \frac{57}{33} & -\frac{24}{33} \\ 0 & -\frac{136}{125} & \frac{117}{125} \\ 0 & 0 & \frac{283}{58} \end{pmatrix}$$

Wegen

$$P(\mu)=\det(\mu L-U)=\mu(\mu-\frac{361}{7975})(\mu-1)$$

ist das Verfahren *stark-stabil*.

Die Ordnungsbedingung (5.11) lautet:

$$\begin{vmatrix} 1 & -\frac{57}{33} & 1 \\ -\frac{144}{125} & \frac{261}{125} & \frac{261}{125} \\ -\frac{306}{58} & \frac{531}{58} & -\frac{225}{58} \end{vmatrix} = 0 ;$$

wie man leicht nachrechnet, ist sie erfüllt. Das Verfahren hat daher für $y\epsilon\mathbb{C}^7[a,b]$ die Konvergenzordnung $(q+1)=6$ (wenn auch die Startwerte die Ordnung 6 haben).

5.3.3. Im Falle des 2-zyklischen 5-Schrittverfahrens (1.26), Seite 12, parametrisiert man die Koeffizienten $\alpha_\ell^{(i)}$ und $\beta_\ell^{(i)}$ ($\ell=o(1)5$; $i=1,2$) derart, daß beide Stufen die Ordnung 8 haben. Jede von ihnen enthält dann 2 freie Parameter; mit den insgesamt verfügbaren 4 Parametern kann erreicht werden, daß für die von $\mu_1=1$ verschiedenen Nullstellen μ_i $(i=2(1)5)$ von $P(\mu)=\det(\mu L-U)$ gilt: $|\mu_i|<1$, jedoch kann *nicht* auch noch eine Ordnungsbedingung erfüllt werden. Ein so konstruiertes 5-Schrittverfahren konvergiert daher mit der Ordnung 8. Dieses Beispiel wird in Abschnitt 10.2.3. ausführlicher behandelt.

5.4. Block-implizite Verfahren

5.4.1. In den bisher betrachteten Beispielen linearer zyklischer Verfahren (siehe Abschnitte 1.5.5., 1.5.9., 5.1.2., 5.3.2.) war L stets eine Dreiecksmatrix; die Näherungen y_j^* ($j=k(1)m$) konnten daher *nacheinander* berechnet werden. Alle Betrachtungen lassen sich jedoch ohne Schwierigkeiten auf den Fall allgemeiner Matrizen L mit det $L \neq 0$ übertragen. In diesem Fall muß für jedes j i. allg. ein *nicht*-lineares System zur *simultanen* Berechnung von $N \leq M$ Näherungen $y_j^*, \dots, y_{j+N-1}^*$ gelöst werden. Wir definieren daher:

5.4.2. Definition

M-stufige Verfahren der Form

$$z_o^* = \zeta_o(h); \quad Lz_j^* = Uz_{j-1}^* + h\phi(x_{j-1}, z_{j-1}^*, z_j^*; h), \quad j=1(1)p,$$

mit det $L \neq 0$ nennen wir *block-implizit*, wenn für jedes j ein *nicht*-lineares Gleichungssystem mit $N \geq 2$ Gleichungen zur (simultanen) Berechnung von $y_{j+\ell}^*$, $\ell = o(1)N-1$, zu lösen ist.

Man beachte, daß ein Verfahren auch dann block-implizit sein kann, wenn L Dreiecksgestalt hat (vgl. Beispiel 5.4.5.).

5.4.3. Beispiel. Das folgende Verfahren ist block-implizit mit $M=2, k=3, N=2$:

$$y_{2j+2}^* + \alpha_3^{(1)} y_{2j+1}^* = -\alpha_2^{(1)} y_{2j}^* - \alpha_1^{(1)} y_{2j-1}^* - \alpha_o^{(1)} y_{2j-2}^* + h(\beta_4^{(1)} f_{2j+2}^* + \dots + \beta_o^{(1)} f_{2j-2}^*)$$

$$y_{2j+2}^* + \alpha_3^{(2)} y_{2j+1}^* = -\alpha_2^{(2)} y_{2j}^* - \alpha_1^{(2)} y_{2j-1}^* - \alpha_o^{(2)} y_{2j-2}^* + h(\beta_4^{(2)} f_{2j+2}^* + \dots + \beta_o^{(2)} f_{2j-2}^*)$$

$$y_o^* = \eta_o; \quad y_1^* = \eta_1(h); \quad y_2^* = \eta_2(h) \qquad j=1(1)p. \tag{5.14a}$$

Ergänzen wir es durch die Trivialstufe $y_{2j}^* = y_{2j}^*$ und fassen wir $(y_{2j}^*, y_{2j+1}^*, y_{2j+2}^*)$ zum Vektor z_j^* zusammen, so ergibt sich:

$$z_o^* = \zeta_o(h); \quad Lz_j^* = Uz_{j-1}^* + h\phi(x_{j-1}, z_{j-1}^*, z_j^*; h), \quad j=1(1)p, \tag{5.14b}$$

mit

$$z_j^* := \begin{pmatrix} y_{2j}^* \\ y_{2j+1}^* \\ y_{2j+2}^* \end{pmatrix} ; \quad L := \begin{pmatrix} 1 & 0 & 0 \\ 0 & \alpha_3^{(1)} & 1 \\ 0 & \alpha_3^{(2)} & 1 \end{pmatrix} ; \quad U := \begin{pmatrix} 0 & 0 & 1 \\ -\alpha_o^{(1)} & -\alpha_1^{(1)} & -\alpha_2^{(1)} \\ -\alpha_o^{(2)} & -\alpha_1^{(2)} & -\alpha_2^{(2)} \end{pmatrix}$$

$$\phi(x_{j-1}, z_{j-1}^*, z_j^*; h) := \begin{pmatrix} 0 \\ \beta_4^{(1)} f_{2j+2}^* + \ldots + \beta_o^{(1)} f_{2j-2}^* \\ \beta_4^{(2)} f_{2j+2}^* + \ldots + \beta_o^{(2)} f_{2j-2}^* \end{pmatrix} ; \quad \zeta_o(h) := \begin{pmatrix} \eta_o \\ \eta_1(h) \\ \eta_2(h) \end{pmatrix} .$$

Für $\alpha_3^{(1)} \neq \alpha_3^{(2)}$ ist det $L \neq 0$ und (5.14b) geht durch Multiplikation mit L^{-1} in die Normalform (1.15) über.

Block-implizite Verfahren wurden von Sloate und Bickart |74| sowie von Shampine und Watts |70|, |71| vorgeschlagen und untersucht.

5.4.4. Man beachte, daß die Stufen von (5.14a) lineare 4-Schrittformeln sind; dennoch werden nur 3 Startwerte benötigt. Es ist sogar nur *ein* Startwert erforderlich, wenn die *Stufen* lineare N-Schrittverfahren sind mit N=M (s. Beispiel 5.4.5.). Derartige *Einschrittverfahren* werden in Paragraph 10.6. untersucht.

5.4.5. Die Ergebnisse des Kapitels 4, insbesondere das Korollar 4.5.7., lassen sich mühelos auch auf *block*-implizite Verfahren anwenden. Hierzu betrachten wir das folgende *Beispiel:*

$$y^*_{2j-1}=y^*_{2j-2}+\frac{h}{12}(-f^*_{2j}+8f^*_{2j-1}+5f^*_{2j-2});\quad y^*_o=\eta_o; \qquad (5.15a)$$

$$y^*_{2j}\ =y^*_{2j-2}+\frac{h}{3}(\ f^*_{2j}+4f^*_{2j-1}+\ f^*_{2j-2});\quad j=1(1)p. \qquad (5.15b)$$

Die Stufe (5.15a) hat die Konsistenzordnung q=3 und (5.15b) die Konsistenzordnung 4; es ist M=N=2, k=1.

Mit

$$z^*_j:=\begin{pmatrix} y^*_{2j-1} \\ y^*_{2j} \end{pmatrix};\quad \hat{A}=\begin{pmatrix} 0 & 1 \\ 0 & 1 \end{pmatrix};\quad \hat{\phi}(x_{j-1},z^*_{j-1},z^*_j;h)=\frac{1}{12}\begin{pmatrix} -f^*_{2j}+8f^*_{2j-1}+5f^*_{2j-2} \\ 4f^*_{2j}+16f^*_{2j-1}+4f^*_{2j-2} \end{pmatrix}$$

geht (5.15a/b) über in das $\hat{A}$-Verfahren $z^*_j=\hat{A}z^*_{j-1}+h\hat{\phi}(x_{j-1},z^*_{j-1},z^*_j;h)$. Es ist $p^T\hat{A}=p^T$ mit $p^T=(0;1)$ und $t=(c^{(1)}_4;0)^T$; die Ordnungsbedingung $p^Tt=0$ ist damit erfüllt. $\hat{A}$ genügt dem starken Wurzelkriterium und $\hat{\phi}$ der Lipschitzbedingung (1.16b). Nach Korollar 4.5.7. konvergiert das Verfahren (5.15a/b) daher für $y\in\mathbf{C}^5[a,b]$ mit der Ordnung q+1=4. In Abschnitt 7.3.7. wird gezeigt, daß dieses Verfahren unbeschränkt absolut stabil ist (vgl. Definition 7.2.13.).

6. Stabilität eines Differentialgleichungsproblems

In Kapitel 3 wurde die Stabilität numerischer *Verfahren* definiert und untersucht. Im folgenden fragen wir nach der Stabilität des Differentialgleichungs*problems*:

$$y'-f(x,y)=\mathcal{O}; \quad y(a)=\eta_0 \qquad (6.1)$$

$$\eta_0 \in \mathbb{R}^n; \quad f:[a,\infty)\times\mathbb{R}^n \to \mathbb{R}^n$$

im Intervall $x\in[a,\infty)$.

6.1. Betrachten wir hierzu das "gestörte" Problem

$$\bar{y}'-f(x,\bar{y})=\mathcal{O}; \quad \bar{y}(a)=\eta_0+\delta_0$$

mit der Störung δ_0 in der Anfangsbedingung. Für den Fehler $e(x):=\bar{y}(x)-y(x)$ gilt:

$$e'-g(x,e)=\mathcal{O}\ ; \qquad e(a)=\delta_0 \qquad (6.2)$$

mit $$g(x,e(x)):=f(x,y(x)+e(x))-f(x,y(x)).$$

Die Lösung von (6.2) bezeichnen wir mit $e(x;\delta_0,a)$. Analog zu den Betrachtungen in Paragraph 3.2. nennen wir (6.1) "*stabil*", wenn "kleine" Störungen in der Anfangsbedingung auch nur "kleine" Änderungen der Lösung $y(x)$ in $x\in[a,\infty)$ bewirken. Genauer definieren wir:

6.2. <u>Definition</u>

Das Problem (6.1) heißt *stabil*, wenn es zu jedem $\varepsilon>0$ eine positive Zahl δ gibt, so daß $|e(x;\delta_0,a)|<\varepsilon$ gilt *für alle* $x\in[a,\infty)$, wenn nur $|\delta_0|<\delta$ ist; anderenfalls heißt es *instabil*.

6.3. Beispiel. Die Differentialgleichung

$$y'=10y-11\exp(-x); \quad y(0)=1 \qquad (6.3)$$

hat die Lösung $y(x)=\exp(-x)$. (6.2) ergibt:

$$e'-10e=0; \quad e(0)=\delta_o$$

d.h.
$$e(x;\delta_o,0)=\delta_o\exp(10x).$$

Wie klein auch immer δ_o ist, stets existiert ein x_o so daß $|e(x;\delta_o,0)|>\varepsilon$ für $x>x_o$. Die Differentialgleichung ist daher *instabil*.

Allgemeiner gilt der folgende Satz:

6.4. Satz

Das lineare Differentialgleichungssystem mit konstanten Koeffizienten

$$y'=Ay, \; y(a)=\eta_o, \; \eta_o\in\mathbb{R}^n, \; A:(n,n)\text{-Matrix},$$

ist stabil, wenn für die Eigenwerte λ_j der Matrix A gilt:

$$\max_{1\le j\le n} \operatorname{Re} \lambda_j<0$$

Der Beweis folgt aus $e(x;\delta_o,a)=\exp((x-a)A)\delta_o$; $\delta_o\in\mathbb{R}^n$.

Instabile Differentialgleichungsprobleme lassen sich über "kleine" Intervalle ohne Schwierigkeit lösen; bei "großen" Intervallen versagt jedoch *jedes* numerische Verfahren.

7. Stabilität bei fester Schrittweite h

7.1. Vorbemerkungen

7.1.1. In Kapitel 3 wurde gezeigt, daß die Lösung des Anfangswertproblems (1.1) numerisch beliebig genau approximiert werden kann, wenn nur die Schrittweite $h>o$ genügend klein gewählt wird, und unter der idealisierenden Annahme, daß Rundungsfehler vernachlässigt werden können.
Bei Verkleinerung von h nimmt die Zahl der Rechenoperationen jedoch rapide zu und man müßte mit immer größerer Genauigkeit rechnen, um den Zuwachs der Rundungsfehler auszugleichen; dabei wäre die Kapazität auch großer Rechenanlagen schnell überschritten.

In der Praxis rechnet man mit fester Schrittweite oder doch wenigstens mit Schrittweiten oberhalb einer festen Zahl $h_o>0$. Im folgenden fragen wir daher nach dem Verhalten der Lösung $y^*(x_j)$, $x_j=(a+jh)\varepsilon[a,\infty)$, eines Diskretisierungsverfahrens für *feste Schrittweite* h und $j\to\infty$. Insbesondere interessiert, für welche Schrittweite h der Diskretisierungsfehler *beschränkt* bleibt. Für das Folgende setzen wir voraus, daß (1.1) in $x\varepsilon[a,\infty)$ definiert ist und dort eine eindeutige Lösung besitzt.

Diese Untersuchungen sind auch bei großem, *endlichen* Integrationsintervall $[a,b]$ von Interesse (wobei wir ein Intervall $[a,b]$ schon "groß" nennen, wenn $(b-a)/h>100$ ist).

7.1.2. Betrachten wir als *Beispiel* ein lineares k-Schrittverfahren $M(\rho,\sigma)$ mit den erzeugenden Polynomen ρ und σ. Es lautet mit $E^r y_j:=y_{j+r-k}$:

$$\rho(E)y_j^*-h\sigma(E)f_j^*=\mathcal{O}, \qquad j=k(1)m, \qquad (7.1)$$

und für die exakte Lösung y der Differentialgleichung (1.1) gilt

$$\rho(E)y_j-h\sigma(E)f_j=h\; T_h[y](x_j).$$

Hieraus folgt

$$\rho(E)(y_j-y_j^*)-h\sigma(E)(f_j-f_j^*)=h\ T_h[y](x_j).$$

Mit $f(x_j,y_j)-f(x_j,y_j^*)=J_f(x_j,\tilde{y}_j)(y_j-y_j^*)$

J_f: Funktionalmatrix von f; $|\tilde{y}_j-y_j^*|<|y_j-y_j^*|$

und den Abkürzungen

$$e_j:=y_j-y_j^*;\quad J_j:=J_f(x_j,\tilde{y}_j);\quad \delta_j:=T_h[y](x_j) \tag{7.2}$$

ergibt sich die folgende Differenzengleichung für den *globalen Fehler* e_j:

$$\rho(E)e_j-h\sigma(E)J_je_j=h\delta_j,\quad j=k(1)m. \tag{7.3}$$

Sind die Startfehler e_j ($j=o(1)k-1$) bekannt und kennt man auch J_j und δ_j, so läßt sich (7.3) lösen und der globale Fehler e_j für jedes j berechnen. Im allgemeinen sind J_j und δ_j jedoch *nicht* bekannt. Daher sind exakte Stabilitätsaussagen nur für den sehr einfachen Fall der linearen Differentialgleichung

$$y'=\lambda y,\quad y(a)=\eta_o \quad \text{mit } \eta_o\in\mathbb{R},\ \lambda\in\mathbb{C} \tag{7.4}$$

möglich, sowie für lineare Differentialgleichungssysteme mit konstanten Koeffizienten:

$$y'=Ay,\ y(a)=\eta_o \text{ mit } \eta_o\in\mathbb{R}^n,\ A:(n,n)\text{-Matrix}, \tag{7.5}$$

die im folgenden die Rolle von *Testgleichungen* spielen.

7.2. Stabilitätsbereiche

7.2.1. Im Falle (7.4) gilt $J_j=\lambda$ und (7.3) ist dann die lineare Differenzengleichung mit konstanten Koeffizienten:

$$(\rho(E)-H\sigma(E))e_j=h\delta_j \quad \text{mit} \quad H:=\lambda h. \tag{7.6}$$

Die *homogene* Gleichung (7.6) hat die Lösung

$$\bar{e}_j=\sum_{i=1}^{k} C_i\,(\mu_i)^j\,,$$

falls die Nullstellen $\mu_i(H)$, i=1(1)k, des Polynoms

$$Q(\mu;H)=\rho(\mu)-H\sigma(\mu)$$

einfach sind. Bei (beispielsweise) r-facher Nullstelle μ_1 lautet sie

$$\bar{e}_j=(C_1+C_2j+\ldots+C_rj^{r-1})\mu_1^j+C_{r+1}\mu_{r+1}^j+\ldots+C_k\mu_k^j\,.$$

Daher muß h wenigstens so klein gewählt werden, daß für $H:=\lambda h$ gilt:

1. $|\mu_i(H)|\leq 1$, i=1(1)k, und
2. die $\mu_i(H)$ vom Betrag 1 müssen *einfach* sein, (7.7)

anderenfalls wächst der globale Fehler e_j unbeschränkt mit j. Die Lösung e_j der *inhomogenen* Gleichung (7.6) kann mit $j\to\infty$ auch dann unbeschränkt wachsen, wenn (7.7) erfüllt ist, jedoch nicht im Falle Re $\lambda\leq 0$, d.h. wenn das Differentialgleichungsproblem (7.4) stabil ist (vgl. Kapitel 6).

7.2.2. Anmerkungen:

(1) Für $h\to 0$ geht Bedingung (7.7) über in das Wurzelkriterium (vgl. Korollar 4.3.1., Seite 35), denn die $\mu_i(o)$,i=1(1)k, sind gerade die Nullstellen des erzeugenden Polynoms ρ.

(2) Nach Satz 6.4. ist $y'=\lambda y$ für Re$\lambda>0$ instabil, d.h. die Lösung y(x) ist für $x\to\infty$ nicht beschränkt. Daher braucht (7.7) für Re$\lambda>0$ nicht erfüllt zu sein, jedoch sollte der Fehler e_j für $j\to\infty$ nicht schneller wachsen als y_j, d.h. der *relative* Fehler sollte beschränkt sein.

7.2.3. Wir fassen in etwas allgemeinerer Formulierung zusammen: Wendet man ein lineares Diskretisierungsverfahren auf die (skalare) Differentialgleichung $y'=\lambda y$ an, so ergibt sich eine lineare Differenzengleichung mit konstanten Koeffizienten. Das charakteristische Polynom $Q(\mu;H)$ dieser Differenzengleichung enthält $H:=\lambda h$ als Parameter, und von seinen Nullstellen $\mu_i(H)$ hängt das Verhalten des globalen Fehlers e_j für $j\to\infty$ ab.

7.2.4. Definition

$Q(\mu;H)$ heißt *charakteristisches Polynom* des Verfahrens.

7.2.5. Beispiele:

1. Im Fall des k-Schrittverfahrens $M(\rho,\sigma)$ hat, wie wir gesehen haben, die Differenzengleichung die Form (vgl. (7.1))

$$\rho(E)y_j^* - \lambda h\sigma(E)y_j^* = \mathcal{O} \qquad (7.8)$$

und das charakteristische Polynom von $M(\rho,\sigma)$ lautet:

$$Q(\mu;H)=\rho(\mu)-H\sigma(\mu).$$

2. Das charakteristische Polynom des modifizierten Euler-Verfahrens (s. Seite 6) lautet:

$$Q(\mu;H)=\mu-(1+H+\tfrac{1}{2}H^2) .$$

Die Forderungen (7.7) und Anmerkung 2 legen nun die folgende Definition nahe:

7.2.6. Definition

Ein Verfahren mit der Konvergenzordnung q heißt *absolut stabil für* $H\in\mathbb{C}$, wenn für die Nullstellen $\mu_i(H)$, $i=1(1)k$, seines charakteristischen Polynoms $Q(\mu;H)$ gilt:

$$|\mu_i(H)| < 1. \qquad (7.9)$$

Es heißt *relativ stabil für* H, wenn gilt:

$$|\mu_i(H)| \leq |\mu_1(H)|, \quad i=2(1)k, \qquad (7.10)$$

wobei μ_1 diejenige Wurzel ist, für die gilt:

$$\mu_1 = e^H + \mathcal{O}(H^{q+1}).$$

Diese Wurzel heißt *Hauptwurzel*.

Man beachte, daß ein für H absolut stabiles Verfahren nicht notwendig auch relativ stabil zu sein braucht. Bei einem für H absolut, jedoch *nicht* relativ stabilen Verfahren geht im Falle der skalaren Differentialgleichung $y'=\lambda y$ zwar der *absolute* Fehler e_j mit $j\to\infty$ gegen Null, nicht aber der *relative* Fehler e_j/y_j (vgl. Beispiel 7.2.12.).

Konsistente Einschrittverfahren sind stets relativ stabil.

7.2.7. Beispiel: Das Verfahren

$$y_0^*=\eta_0;\ y_1^*=\eta_1,\ y_j^*=y_{j-2}^*+2hf_{j-1}^*,\ j=2(1)m \qquad (7.11)$$

hat das charakteristische Polynom $Q(\mu;H)=\mu^2-2H\mu-1$ mit den Nullstellen

$$\mu_1(H)=H+\sqrt{1+H^2};\quad \mu_2(H)=(-\mu_1)^{-1}. \qquad (7.12a)$$

Offensichtlich ist (7.11) daher für *kein* $H\in\mathbb{C}$ absolut stabil. μ_1 ist Hauptwurzel, denn es gilt:

$$\mu_1=e^H-\frac{1}{6}H^3+\mathcal{O}(H^4). \qquad (7.12b)$$

(7.11) angewandt auf die Anfangswertaufgabe

$$y'=\lambda y,\quad y(o)=1$$

ergibt mit den Startwerten $y_o=1$ und $y_1=e^{\lambda h}$:

$$y_j^*=C_1\,\mu_1^j+C_2\,\mu_2^j\,;\qquad C_1=1+\mathcal{O}(H^3);\ C_2=\frac{-1}{12}H^3+\mathcal{O}(H^4)$$

Mit $x_j:=jh$, $H:=\lambda h$ folgt aus (7.12a/b)

$$\mu_1^j=e^{\lambda x_j}+\mathcal{O}(h^2);\quad \mu_2^j=(-1)^je^{-\lambda x_j}+\mathcal{O}(h^2).$$

Daher approximiert μ_1^j die exakte Lösung $y_j=e^{\lambda x_j}$ mit der Ordnung 2 in h, während der Lösungsanteil mit μ_2^j nichts mit der exakten Lösung zu tun hat und für $\lambda<0$ und $x_j\to\infty$ mit wachsendem Betrag oszilliert.

7.2.8. Definition

Seien $\mu_i(H)$, $i=1(1)k$, die Nullstellen des charakteristischen Polynoms $Q(\mu;H)$ eines Verfahrens. Dann heißt die Menge

$$\mathbb{H}:=\{H\in\mathbb{C}: |\mu_i(H)|<1, \quad i=1(1)k\}$$

Bereich absoluter Stabilität (kürzer: *Stabilitätsbereich*) des Verfahrens.

$\mathbb{H}$ ist also die Menge derjenigen $H:=\lambda h$, für welche das Verfahren, angewandt auf $y'=\lambda y$, absolut stabil ist.

7.2.9. Die Betrachtungen lassen sich auf *Systeme* linearer Differentialgleichungen mit konstanten Koeffizienten der Form

$$y'=Ay, \quad y(a)=\eta_0 \quad \text{mit} \quad \eta_0\in\mathbb{R}^n, \quad A:(n,n)\text{-Matrix} \qquad (7.13)$$

verallgemeinern, wobei auch deutlich wird, warum *komplexwertige* H zugelassen wurden. Speziell für lineare k-Schrittverfahren gilt:

7.2.10. Satz

Die Matrix A sei diagonalisierbar und für ihre Eigenwerte λ_i gelte $\lambda_i\in\mathbb{C}^-$, $i=1(1)n$. Dann ergibt die Methode $M(\rho,\sigma)$, angewandt auf (7.13), Näherungen y_j^*, deren Fehler e_j für $j\to\infty$ beschränkt bleiben, wenn gilt: $H_i:=h\lambda_i\in\mathbb{H}$, $i=1(1)n$.

7.2.11. Beweis. $M(\rho,\sigma)$ auf $y'=Ay$ angewandt ergibt:

$$\rho(E)y_j^*-hA\sigma(E)y_j^*=\mathcal{O}. \qquad (7.14)$$

Sei $N=S^{-1}AS$ die Jordan'sche Normalform von A, so folgt aus (7.14) durch Multiplikation von links mit S^{-1} und $z_j:=S^{-1}y_j^*$:

$$\rho(E)z_j-hN\sigma(E)z_j=\mathcal{O}.$$

Diese Gleichung zerfällt in n (skalare) homogene Differenzengleichungen

$$\rho(E)z_j^{(i)}-h\lambda_i\sigma(E)z_j^{(i)}=o\ ,\ i=1(1)n. \tag{7.15}$$

Ist $H_i\varepsilon\mathbb{H}$, so gilt für ihre Lösungen: $z_j^{(i)}\to o$ $(j\to\infty)$ und daher auch $y_j^*\to o$ $(j\to\infty)$. Wegen $\lambda_i\varepsilon\mathbb{C}^-$ gilt für die exakte Lösung von (7.13): $y_j\to o$ $(j\to\infty)$. Hieraus folgt die Behauptung.

<u>7.2.12. Beispiel.</u>

Das System $y'=Ay$ mit $y(o)=\begin{pmatrix}2\\1\\0\end{pmatrix}$; $A=\begin{pmatrix}-1 & -24 & 0\\ 0 & -25 & 0\\ 0 & 125 & -150\end{pmatrix}$ (7.16)

hat die Lösung:

$$y_1=e^{-x}+e^{-25x}$$
$$y_2=e^{-25x}$$
$$y_3=e^{-25x}-e^{-150x}.$$

Die Eigenwerte von A sind $\lambda_1=-1$; $\lambda_2=-25$; $\lambda_3=-150$; mit der Schrittweite h=0,024 ergibt sich daher:

$$H_1:=\lambda_1h=-0{,}024;\quad H_2:=\lambda_2h=-0{,}6;\quad H_3:=\lambda_3h=-3{,}6.$$

Dieses Problem wurde mit einem (hier nicht näher angegebenen) Verfahren M numerisch gelöst, dessen charakteristisches Polynom die Nullstellen $\mu_1(H)$ und $\mu_2(H)$ hat mit

H	$\mu_1(H)$	$\mu_2(H)$
H_1	0,976	-0,703
H_2	0,549	-0,867
H_3	0,004	0,851

H_1, H_2, H_3 liegen im Stabilitätsbereich von M, (denn die zugehörigen Nullstellen μ_1, μ_2 des charakteristischen Polynoms sind betragsmäßig kleiner als 1), das Verfahren ist daher *absolut stabil* für die gewählte Schrittweite h.

Es ist $e^{H_1}=0,976$; $e^{H_2}=0,549$; $e^{H_3}=0,027$; die ersten beiden Werte stimmen gut mit den Hauptwurzeln $\mu_1(H_1)$ und $\mu_1(H_2)$ überein, das Verfahren M wird daher gute Näherungen für die Terme $e^{\lambda_1 x}$ und $e^{\lambda_2 x}$ ergeben. Die schlechte Übereinstimmung von e^{H_3} mit $\mu_1(H_3)$ läßt eine ungenaue Approximation des Terms $e^{\lambda_3 x}$ erwarten; da dieser Term jedoch rasch abklingt, wird die Näherung y^* hierdurch nicht nennenswert verfälscht.
Gravierender wird sich auswirken, daß M für H_2 und H_3 *relativ instabil* ist. Das hat zur Folge, daß die Lösungsterme $e^{\lambda_2 x}$ und $e^{\lambda_3 x}$ mit großem *relativen* Fehler berechnet werden. Das fällt bei y_1 wegen des viel größeren Terms $e^{\lambda_1 x}$ nicht ins Gewicht, wohl aber bei y_2 und y_3, für die man einen großen *relativen* Fehler erwarten muß.

Tatsächlich werden diese theoretischen Voraussagen von den numerischen Ergebnissen bestätigt. Das Verfahren M ergab in den Punkten x_{10}, x_{30} und x_{50} die folgenden absoluten Fehler $e_i(x_j):=y_i(x_j)-y_i^*(x_j)$; $(j=10,30,50;\quad i=1,2,3)$:

j	10	30	50		
x_j	0,24	0,72	1,20		
$e_1(x_j)$	$0,784\cdot10^{-5}$	$0,194\cdot10^{-7}$	$0,342\cdot10^{-9}$	:	kl. absol. u. rel. Fehler
$e_2(x_j)$	$0,784\cdot10^{-5}$	$0,192\cdot10^{-7}$	$0,942\cdot10^{-10}$	:	große *relative* Fehler
$e_3(x_j)$	$-0,437\cdot10^{-3}$	$-0,176\cdot10^{-4}$	$-0,700\cdot10^{-6}$	:	" " "
$y_1(x_j)$	0,789	0,487	0,301		
$y_2(x_j)$	$0,248\cdot10^{-2}$	$0,152\cdot10^{-7}$	$0,936\cdot10^{-13}$		
$y_3(x_j)$	$0,248\cdot10^{-2}$	$0,152\cdot10^{-7}$	$0,936\cdot10^{-13}$		

Der Beitrag $e^{\lambda_3 x}$ des Eigenwertes $\lambda_3=-150$ ist für $x>0,1$ praktisch ohne Bedeutung für die Lösung des Systems (7.16). *Dennoch bestimmt* λ_3 *wesentlich die Wahl von h*: Wäre h größer gewählt worden (was bei unnötig hoher Genauigkeit der numerischen Lösung sinnvoll erscheint), so hätte $H_3=\lambda_3 h$ nicht mehr im Stabilitätsbereich von M gelegen und das Verfahren hätte divergiert. Bei betragsmäßig sehr unterschiedlichen Eigenwerten von A ist man gezwungen, die Stabilität durch (vom Standpunkt der Genauigkeit) oft unnötig kleine Schrittweiten h zu sichern. Diese Situation ist typisch für *steife*

Differentialgleichungen, das sind Differentialgleichungen, die sowohl langsam als auch sehr rasch abklingende Lösungsanteile haben.

Dieses Beispiel zeigt, daß Verfahren mit endlichen Stabilitätsbereichen für *steife* Differentialgleichungen ungeeignet sein können. Es interessieren daher Verfahren, die in der *ganzen linken Halbebene* $\mathbb{C}^-$ (oder doch wenigstens in einem unendlich großen Teilbereich von $\mathbb{C}^-$) absolut stabil sind, so daß h (weitgehend) *unabhängig von Stabilitätserwägungen* und nur mit Blick auf die Genauigkeitsanforderungen gewählt werden kann. Das ist bei den im folgenden definierten Verfahren der Fall:

7.2.13. Definition

Ein Verfahren mit $\mathbb{H} \supset \{H: \mathrm{Re}H<0\}$ heißt *A-stabil* (unbeschränkt absolut stabil); es heißt *A(α)-stabil*, wenn für $0<\alpha\leq\frac{\pi}{2}$ gilt: $\mathbb{H} \supset \{H: |\pi-\arg H|<\alpha;\ H\neq 0\}$ und *A(o)-stabil*, wenn ein $\alpha_0>0$ existiert, so daß es $A(\alpha_0)$-stabil ist.

Ein Verfahren heißt *steif-stabil*,[1] wenn es A(o)-stabil ist und wenn gilt: $\mathbb{H} \supset \mathbb{C}_\gamma$ mit $\mathbb{C}_\gamma \supset \{H: \mathrm{Re}H \leq \gamma < 0\}$.

$A(\frac{\pi}{2})$-stabile Verfahren sind offensichtlich A-stabil.
Für A-stabile lineare k-Schrittverfahren bewies Dahlquist:

7.2.14. Satz

Kein *explizites* lineares k-Schrittverfahren ist A-stabil; A-stabile, implizite lineare k-Schrittverfahren haben höchstens die Ordnung 2.

Ein ähnlicher Satz gilt für die (im nächsten Kapitel behandelten) Runge-Kutta-Verfahren:

7.2.15. Satz

Kein *explizites* Runge-Kutta-Verfahren ist A-stabil.

---

[1] Man beachte, daß diese Definition von der in der Literatur verbreiteten (vgl. |42|) abweicht.

Der folgende Satz über A(α)-stabile lineare k-Schrittverfahren stammt von Widlund |86|:

7.2.16. Satz

Kein explizites lineares k-Schrittverfahren ist A(o)-stabil; zu jedem $\alpha \varepsilon [0, \frac{\pi}{2})$ gibt es A(α)-stabile (implizite) k-Schrittverfahren der Ordnung q mit k=q=3 und k=q=4.

Diese Sätze sind *nicht* auf *mehrstufige* lineare k-Schrittverfahren anwendbar. Vieles spricht dafür, daß sich A-stabile und steif-stabile mehrstufige Verfahren hoher Ordnung finden lassen. Bickart, Burgess und Sloate |7| konstruierten z.B. A-stabile, *block*-zyklische Verfahren der Ordnung 4, 6 und 8 (s. Paragraph 10.6.); Tendler Bickart und Picel |83| geben steif-stabile, M-zyklische k-Schrittverfahren der *Ordnung k* an für folgende Werte von (M,k): (3,3), (3,4), (4,5), (4,6) und (4,7). Diese steif-stabilen Verfahren haben aber nicht die höchstmögliche Ordnung. In Paragraph 10.5. werden zum Beispiel steif-stabile zyklische Verfahren mit M=2,k=3 und der *Konvergenzordnung 4* sowie mit M=k=3 und der *Ordnung* 5 angegeben. Allgemeine Sätze darüber, welche *maximale* Konvergenzordnung bei steif-stabilen zyklischen Verfahren erreichbar ist, sind noch nicht bekannt.

7.2.17. Die Definitionen und Ergebnisse dieses Paragraphen erscheinen insofern unbefriedigend, als sie genaue Stabilitätsaussagen nur für den trivialen Fall linearer Differentialgleichungssysteme mit konstanten Koeffizienten zulassen.
Dennoch ist es sinnvoll, die Stabilitätsbereiche von Diskretisierungsmethoden zu untersuchen, denn durch Linearisierung (entweder der gegebenen Differentialgleichung oder der Fehlergleichung (7.3)) lassen sich die Ergebnisse dieses Abschnitts in begrenztem Umfang auch auf allgemeinere Differentialgleichungsprobleme übertragen; Ansätze hierfür findet man bei Stetter |78| S. 178ff.

7.3. Beispiele

7.3.1. Das *implizite Euler-Verfahren*

$$y^*_j=y^*_{j-1}+h\ f^*_j$$

ergibt für die Differentialgleichung $y'=\lambda y$ die Differenzengleichung

$$y^*_j=y^*_{j-1}+H\ y^*_j; \qquad H:=\lambda h.$$

Sein charakteristisches Polynom lautet daher

$$Q(\mu;H)=(1-H)\mu-1,$$

und es ist $\mu_1=(1-H)^{-1}$.

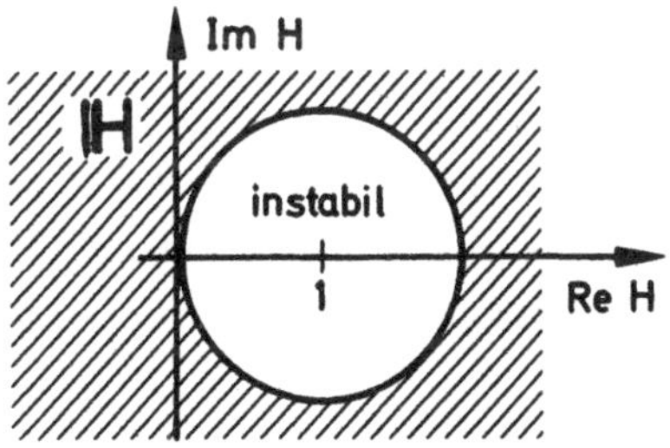

Die Stabilitäts*grenze* ist die durch $H=\frac{\mu-1}{\mu}$ vermittelte Abbildung des Kreises $\mu(\psi)=e^{i\psi}$, d.h. der Kreis $H(\psi)=1-e^{-i\psi}$. Das Verfahren ist *A-stabil*.

7.3.2. Das *Trapezverfahren*

$$y_j^* = y_{j-1}^* + \frac{h}{2}\,(f_{j-1}^* + f_j^*)$$

ergibt für $y' = \lambda y$ die Differenzengleichung

$$y_j^* = y_{j-1}^* + \frac{H}{2}\,y_{j-1}^* + \frac{H}{2}\,y_j^* \;.$$

Das charakteristische Polynom ist $Q(\mu;H) = (1-\frac{H}{2})\mu - (1+\frac{H}{2})$. Es ist

$$|\mu_1| = \left| \frac{1+\frac{H}{2}}{1-\frac{H}{2}} \right| < 1 \qquad (7.17)$$

für alle H mit Re H < 0; das Verfahren ist daher ebenfalls *A-stabil*. Von allen A-stabilen linearen k-Schrittverfahren hat es den *kleinsten Ersetzungsfehler*; zugleich ist es das einzige A(o)-stabile lineare k-Schrittverfahren mit der Ordnung $q \geq k+1$.

7.3.3. Das (schwach stabile) 2-Schrittverfahren von *Milne-Simpson*:

$$y_j^* - y_{j-2}^* = \frac{h}{3}\,(f_j^* + 4f_{j-1}^* + f_{j-2}^*)$$

hat das charakteristische Polynom

$$Q(\mu;H) = (1-\frac{H}{3})\mu^2 - \frac{4}{3}H\mu - (1+\frac{H}{3}) \;.$$

Da $Q(\mu;H)=0$ den Kreis $\mu(\psi)=e^{i\psi}$ auf $\{H: \mathrm{Re}\, H=0,\ -\sqrt{3}<\mathrm{Im}\, H<\sqrt{3}\}$ abbildet, ist $\mathbb{H}$ *leer*.

Das Beispiel in Abschnitt 9.7.7. zeigt jedoch, daß ein P-C-Verfahren mit dem obigen Korrektor durchaus einen nicht-leeren Stabilitätsbereich haben kann, wenn der Prädiktor entsprechend gewählt wird.

7.3.4. Das klassische *Runge-Kutta-Verfahren* 3. Ordnung:

$$y_j^* = y_{j-1}^* + \frac{h}{6}\,(k_1 + 4k_2 + k_3)$$

$$k_1 = f(x_{j-1}, y_{j-1}^*)$$

$$k_2 = f(x_{j-1} + \frac{h}{2},\ y_{j-1}^* + \frac{1}{2}k_1 h)$$

$$k_3 = f(x_{j-1} + h, y_{j-1}^* - k_1 h + 2k_2 h)$$

ergibt für die Differentialgleichung $y'=\lambda y$ die Differenzengleichung:

$$y_j^*=(1+H+\frac{1}{2}H^2+\frac{1}{6}H^3)y_{j-1}^*$$

d.h. $$Q(\mu;H)=\mu-(1+H+\frac{H^2}{2!}+\frac{H^3}{3!}) .$$

Der Stabilitätsbereich ist symmetrisch zur reellen Achse und ist für $\mathrm{Im}H\geq 0$ in Abb. 7.1. dargestellt. Man findet ihn, indem man setzt

$$1+H+\frac{H^2}{2!}+\frac{H^3}{3!}=e^{i\psi} \qquad (7.18)$$

und $H(\psi)$ als Nullstelle von (7.18) berechnet.

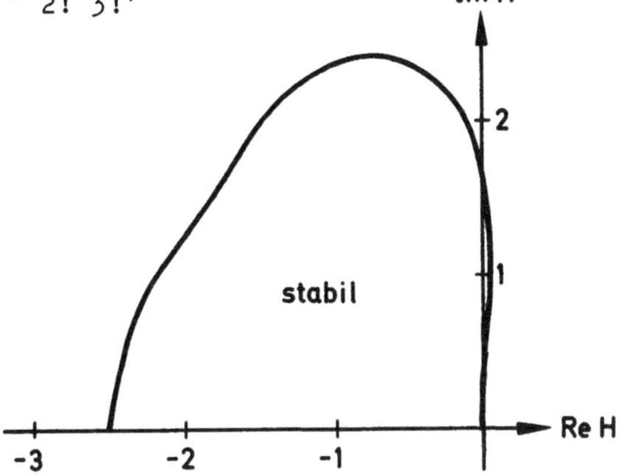

Abb. 7.1.

<u>7.3.5.</u> Die *implizite Gauss-Formel* 4. Ordnung

$$y_j^*=y_{j-1}^*+\frac{h}{2}(k_1+k_2)$$

$$k_1=f(x_{j-1}+\frac{h}{6}(3-\sqrt{3}),\ y_{j-1}^*+\frac{h}{4}k_1+\frac{h}{12}(3-2\sqrt{3})k_2)$$

$$k_2=f(x_{j-1}+\frac{h}{6}(3+\sqrt{3}),\ y_{j-1}^*+\frac{h}{12}(3+2\sqrt{3})k_1+\frac{h}{4}k_2)$$

ergibt für die Differentialgleichung $y'=\lambda y$:

$$y_j^*=y_{j-1}^*+\frac{h}{2}(k_1+k_2) \qquad (7.19)$$

mit
$$k_1=\lambda(y_{j-1}^*+\frac{h}{4}k_1+\frac{h}{12}(3-2\sqrt{3})k_2)$$
$$k_2=\lambda(y_{j-1}^*+\frac{h}{12}(3+2\sqrt{3})k_1+\frac{h}{4}k_2). \qquad (7.20)$$

Löst man die Gleichungen (7.20) nach k_1 und k_2 auf, so ergibt (7.19):

$$y_j^*=\mu_1 y_{j-1}^* \quad \text{mit} \quad \mu_1=\frac{H^2+6H+12}{H^2-6H+12};$$

das charakteristische Polynom lautet daher: $Q(\mu;H)=\mu-\mu_1$. Man kann zeigen, daß $|\mu_1|<1$ für alle H mit Re H<0; das Verfahren ist daher *A-stabil*.

Hinweis: μ_1 ist Padé-Approximation von e^H, das gleiche gilt für μ_1 in (7.17). Zu allen Padé-Approximationen $\mu_1(H)$ von e^H lassen sich Einschrittverfahren mit $Q(\mu;H)=\mu-\mu_1$ angeben.

7.3.6. Das *zyklische* M=2,k=2-Verfahren (5.12a/b):

$$\begin{aligned} &y^*_{2j}-y^*_{2j-2}-\frac{h}{3}(f^*_{2j}+4f^*_{2j-1}+f^*_{2j-2})=0 \\ &y^*_{2j+1}+\alpha_1 y^*_{2j}+\alpha_o y^*_{2j-1}-h(\beta_2 f^*_{2j+1}+\beta_1 f^*_{2j}+\beta_o f^*_{2j-1})=0 \end{aligned} \qquad (7.21)$$

ergibt für die Differentialgleichung $y'=\lambda y$ das folgende System zweier Differenzengleichungen:

$$(1-\frac{H}{3})\, y^*_{2j}-\frac{4}{3}Hy^*_{2j-1}-(1+\frac{H}{3})y^*_{2j-2} = 0$$

$$(1-\beta_2 H)y^*_{2j+1}+(\alpha_1-\beta_1 H)y^*_{2j} + (\alpha_o-\beta_o H)y^*_{2j-1}=0.$$

Mit

$$z^*_j:=\begin{pmatrix} y^*_{2j} \\ y^*_{2j+1}\end{pmatrix} \;;\quad L:=\begin{pmatrix} 1-\frac{H}{3} & 0 \\ \alpha_1-\beta_1 H & 1-\beta_2 H\end{pmatrix};\quad U:=\begin{pmatrix} 1+\frac{H}{3} & \frac{4}{3}H \\ 0 & -(\alpha_o-\beta_o H)\end{pmatrix}$$

folgt $Lz^*_j=Uz^*_{j-1}$; das charakteristische Polynom lautet daher:

$$\begin{aligned} Q(\mu;H)&=\det(L\mu-U) \\ &=\begin{vmatrix} (1-\frac{H}{3})\mu-(1+\frac{H}{3}) & -\frac{4}{3}H \\ (\alpha_1-\beta_1 H)\mu & (1-\beta_2 H)\mu+(\alpha_o-\beta_o H)\end{vmatrix} \end{aligned} \qquad (7.22)$$

In Abschnitt 5.3.1. (Seite 57) wurde gezeigt, daß das Verfahren (7.21) mit

$$\begin{aligned} &\alpha_1=-(1+\alpha_o); \qquad \beta_o=-\frac{1}{12}(1+5\alpha_o) \\ &\beta_1=\frac{8}{12}(1-\alpha_o); \qquad \beta_2= \frac{1}{12}(5+\alpha_o) \end{aligned} \qquad (7.23)$$

für alle $|\alpha_o|<1$ stark stabil ist und mit der Ordnung 4 konvergiert. Betrachtet man die durch $Q(e^{i\psi};H)=0$, $0\leq\psi<2\pi$, vermittelte

Abbildung $H(\psi)$, so zeigt sich:
Das Verfahren (7.21)/(7.23) hat für α_o-Werte aus der linken Umgebung von $\alpha_o=\frac{7}{9}$ einen sehr großen *reellen* Stabilitätsbereich. Für $\alpha_o=0{,}777$, beispielsweise, ist es im Bereich $-23{,}9058\leq H<0$ absolut stabil.

7.3.7. Das *block-implizite* Verfahren (5.15a/b) (Seite 62) ergibt für $y'=\lambda y$:

$$\begin{pmatrix} 1-\frac{2}{3}H & \frac{H}{12} \\ -\frac{4}{3}H & 1-\frac{H}{3} \end{pmatrix} z_j^* = \begin{pmatrix} 0 & 1+\frac{5}{12}H \\ 0 & 1+\frac{H}{3} \end{pmatrix} z_{j-1}^*; \quad z_j^* := \begin{pmatrix} y_{2j-1}^* \\ y_{2j}^* \end{pmatrix} .$$

Das charakteristische Polynom lautet daher:

$$Q(\mu;H) = \begin{vmatrix} (1-\frac{2}{3}H)\mu & \frac{H}{12}\mu-(1+\frac{5}{12}H) \\ -\frac{4}{3}H\mu & (1-\frac{H}{3})\mu-(1+\frac{H}{3}) \end{vmatrix} . \tag{7.24}$$

Es hat die Nullstellen: $\mu_1(H)=\frac{H^2+3H+3}{H^2-3H+3}$; $\mu_2(H)=0$.

Wegen $|\mu_1(H)|<1$ für alle $\mathrm{Re}H<0$ ist das Verfahren *A-stabil*.

8. Einschrittverfahren

8.1. Konvergenz von Einschrittverfahren

8.1.1. In diesem Kapitel werden Einschrittverfahren der Form

$$y_0^* = \eta_0; \quad y_j^* = y_{j-1}^* + h\hat{\phi}(x_{j-1}, y_{j-1}^*, y_j^*; h), \quad j = 1(1)m \tag{8.1}$$

betrachtet mit $h \varepsilon (0, h_0]$,

$$|\hat{\phi}(x, u_1, v_1; h) - \hat{\phi}(x, u_2, v_2; h)| \le K_1 |u_1 - u_2| + K_2 |v_1 - v_2| \tag{8.2a}$$

und $K_2 h_0 < 1$. (8.2b)

(8.1) ist ein $\hat{A}$-Verfahren mit $\hat{A} = 1$ und somit stets *stabil*; daher konvergiert es (nach Satz 3.3.2., Seite 30), wenn es konsistent ist. Keine der Ordnungsbedingungen (4.17a/b), Seite 45, ist erfüllbar, so daß die Konvergenzordnung von (8.1) gleich seiner Konsistenzordnung ist[1].

Für *explizite* Einschrittverfahren folgt aus dem Konsistenzsatz 2.3.1. (S. 19) und Satz 4.4.2. (S. 42):

8.1.2. Satz

Das Einschrittverfahren

$$y_0^* = \eta_0; \quad y_j^* = y_{j-1}^* + h\phi(x_{j-1}, y_{j-1}; h), \quad j = 1(1)m \tag{8.3}$$

konvergiert für $h \to o$ gegen die Lösung $y(x_j)$, $x_j \varepsilon I_h$, der Anfangswertaufgabe (1.1), wenn gilt:

1. $\phi(x, y; h)$ ist stetig in $G^* := \{(x, y, h) : a \le x \le b;\ y \varepsilon \mathbb{R}^n;\ 0 \le h \le h_0\}$ und genügt dort der Lipschitzbedingung

$$|\phi(x, y_1; h) - \phi(x, y_2; h)| \le K_1 |y_1 - y_2| \tag{8.4}$$

2. $\phi(x, y; 0) = f(x, y)$ (Konsistenzbedingung).

Wenn außerdem

3. alle partiellen Ableitungen der Ordnung $q \ge 1$ von f stetig sind und

---

[1] deswegen verwenden wir im folgenden oft das Wort "*Ordnung*" zur Bezeichnung *beider* Begriffe.

4. $\phi(x,y;h)=f(x,y)+\frac{h}{2!}\,Df(x,y)+\ldots+\frac{h^{q-1}}{q!}\,D^{q-1}\,f(x,y)+\mathcal{O}(h^q)$ (8.5)

mit $D^i f(x,y):=(\frac{\partial}{\partial x}+f\frac{\partial}{\partial y})^i f(x,y)$,

so konvergiert das Verfahren mit der Ordnung q und es gilt die zweiseitige Fehlerabschätzung:

$$C_1\|\delta\|_h^1 \leq \max_{o\leq j\leq m} |y_j-y_j^*| \leq C_2\|\delta\|_h^1$$

mit $C_1=(1+(b-a)K_1)^{-1}$; $C_2=(1+hK_1)\exp((b-a)K_1)$

$$\|\delta\|_h^1=\max_{o\leq j\leq m} \left|\delta_o+h\sum_{\ell=1}^{j}\delta_\ell\right|; \qquad \delta_o=0$$

$$\delta_j:=h^{-1}[y(x_j)-y(x_{j-1})-h\phi(x_{j-1},y(x_{j-1});h)]. \qquad (8.6)$$

Aus Satz 8.1.2. lassen sich auch Konvergenzaussagen für *implizite* Verfahren ableiten, indem man (8.1) auf die Form (8.3) zurückführt; das ist wegen (8.2a/b) stets möglich.

8.1.3. Sei q die Ordnung des Verfahrens (8.3) und $y\in C^{q+1}[a,b]$; dann erhält man durch Taylorentwicklung von (8.6) unter Berücksichtigung von (8.5)

$$\delta_j=h^q\,\varphi(x_j,y(x_j))+\mathcal{O}(h^{q+1}), \qquad (8.7)$$

wobei die Funktion $\varphi(x,y)$ in komplizierter Weise von f und seinen partiellen Ableitungen bis zur Ordnung q abhängt.

Beispiel. Für das "verbesserte Eulerverfahren":

$$y_j^*=y_{j-1}^*+\frac{h}{2}\{f(x_{j-1},y_{j-1}^*)+f(x_{j-1}+h,y_{j-1}^*+hf(x_{j-1},y_{j-1}^*))\}$$

erhält man $\varphi(x,y)=\frac{h^2}{12}\{2(f_xf_y+f_y^2f)-(f_{xx}+2f_{xy}f+f_{yy}f^2)\}$. (8.8)

Es stellt sich nun die Frage, wie man Einschrittverfahren der Form (8.1) findet. Hiermit beschäftigen sich die nachfolgenden Paragraphen dieses Kapitels.

8.2. Verfahren mit Ableitungen

8.2.1. Sind alle partiellen Ableitungen von f bis zur Ordnung q stetig in $G:\{(x,y):a\leq x\leq b;\ y\in\mathbb{R}^n\}$, so ergibt sich aus Satz 8.1.2. unmittelbar das folgende konvergente Einschrittverfahren der Ordnung q:

$$y_o^*=\eta_o;\quad y_j^*=y_{j-1}^*+h\phi(x_{j-1},y_{j-1}^*;h),\quad j=1(1)m \tag{8.9}$$

mit $$\phi(x,y;h):=\sum_{i=o}^{q-1}\frac{h^i}{(i+1)!}D^if(x,y). \tag{8.10}$$

Dieses *Taylor-Verfahren* ist allerdings nur dann für den praktischen Gebrauch geeignet, wenn sich die Ableitungen $D^if(x,y)$ leicht berechnen lassen (etwa durch Rekursionsformeln); das ist aber schon bei einfachen Funktionen f nur selten der Fall.

Der Vorteil dieses Verfahrens besteht darin, daß sich - bei hinreichend oft stetig differenzierbarer rechter Seite f - eine beliebig hohe Ordnung erzielen läßt. Das läßt sich aber auch für Verfahren *ohne* Ableitungen erreichen, wie wir in Paragraph 8.3. sehen werden.

8.2.2. Beispiele.

1. Für q=1 ergibt (8.9) das schon bekannte *Euler-Verfahren* (1.4).
2. Wendet man (8.9) mit q=2 auf die Differentialgleichung

$$y'=-xy^2;\quad y(1)=2$$

an, so erhält man mit $Df=y^2(2x^2y-1)$

$$y_o^*=2;\ y_j^*=y_{j-1}^*+hy_{j-1}^{*2}(-x_{j-1}+hx_{j-1}^2y_{j-1}^*-\tfrac{h}{2}),\quad j=1(1)m. \tag{8.11}$$

8.3. Explizite Runge-Kutta-Verfahren

8.3.1. Man kann die komplizierte Berechnung der Ausdrücke $D^i f(x,y)$ in ϕ vermeiden, indem man sie durch Linearkombinationen von Funktionswerten $f(x,y)$ ersetzt, genommen an r Zwischenstellen.

Dazu setzt man $$\phi_r(x,y;h) := \sum_{i=1}^{r} \gamma_i k_i(x,y), \tag{8.12}$$

mit
$$\begin{aligned} k_1(x,y) &= f(x,y) \\ k_2(x,y) &= f(x+\alpha_2 h, y+\beta_{21}k_1 h) \\ k_3(x,y) &= f(x+\alpha_3 h, y+\beta_{31}k_1 h+\beta_{32}k_2 h) \\ &\cdots\cdots \\ k_r(x,y) &= f(x+\alpha_r h, y+h\sum_{i=1}^{r-1}\beta_{ri}k_i), \end{aligned} \tag{8.13}$$

und bestimmt die Parameter α_i, β_{ij}, γ_i derart, daß für alle hinreichend oft stetig differenzierbaren Funktionen f gilt:
$$\phi_r(x,y;h) - \phi(x,y;h) = \mathcal{O}(h^q). \tag{8.14}$$

Das so gewonnene Verfahren:

$$y_0^* = \eta_0; \quad y_j^* = y_{j-1}^* + h\phi_r(x_{j-1}, y_{j-1}^*; h), \quad j=1(1)m$$

heißt *r-stufiges, explizites Runge-Kutta-Verfahren* (*"RK-Verfahren"*); ϕ_r ist mit f Lipschitz-stetig, nach Satz 8.1.2. konvergiert das Verfahren daher mit der *Ordnung* q.

8.3.2. Aus (8.14) erhält man durch Taylorabgleich ein nichtlineares und i.allg. *nicht eindeutig* lösbares Gleichungssystem zur Bestimmung der Parameter α_i, β_{ij}, γ_i.

Es ist üblich, ein r-stufiges RK-Verfahren durch folgendes, von Butcher stammende Parameterschema zu charakterisieren:

$$\begin{array}{c|ccccc} \alpha_2 & \beta_{21} & & & & \\ \alpha_3 & \beta_{31} & \beta_{32} & & & \\ \vdots & & & & & \\ \alpha_r & \beta_{r1} & \beta_{r2} & \cdots\cdots & \beta_{r,r-1} & \\ \hline & \gamma_1 & \gamma_2 & \cdots\cdots & \gamma_{r-1} & \gamma_r \end{array} \tag{8.15}$$

Für alle RK-Verfahren gilt:

$$\sum_{i=1}^{r} \gamma_i = 1 \tag{8.16a}$$

und
$$\alpha_i = \sum_{j=1}^{i-1} \beta_{ij} ; \quad i=2(1)r. \tag{8.16b}$$

RK-Verfahren, deren Parameterschema die Dreiecksgestalt (8.15) aufweist, heißen *explizit*, denn für die Berechnung der k_i werden nur die bekannten Größen $k_1,\dots,k_{i-1}$ benutzt.

In Paragraph 8.11. werden wir *implizite* RK-Verfahren kennenlernen, in deren Parameterschema $\beta_{ij}\neq 0$ mit $i\leq j$ auftreten; bei diesen ist zur Berechnung der k_i in jedem Rechenschritt ein nichtlineares Gleichungssystem zu lösen.

8.4. Explizite RK-Formeln mit r=1,2,3 Stufen

In diesem Paragraph werden Spezialfälle von expliziten RK-Verfahren mit r=1,2 und 3 Stufen betrachtet. Dabei werden die *Ordnung* q und die *Anzahl* r *der Stufen* eines Verfahrens durch ein geordnetes Zahlenpaar (q,r) angegeben.

8.4.1. Die einzige (1,1)-RK-Formel ist das Verfahren von Euler:

$$y_0^*=\eta_0; \quad y_j^*=y_{j-1}^*+hf(x_{j-1},y_{j-1}^*), \quad j=1(1)m ;$$

für $f\in C^1(G)$ hat es die Ordnung q=1.

8.4.2. (2,2)-RK-Formeln.

Für r=2 und $f\in C^2(G)$ ergibt sich:

$$k_1(x,y)=f(x,y)$$

$$k_2(x,y)=f(x+\alpha_2 h,\ y+\beta_{21}k_1(x,y)h)$$
$$=f(x,y)+\alpha_2 hf_x(x,y)+\beta_{21}hf(x,y)f_y(x,y)+\mathcal{O}(h^2).$$

Hieraus folgt:

$$\phi_2-\phi=\gamma_1 f+\gamma_2(f+\alpha_2 hf_x+\beta_{21}hff_y)-f-\frac{h}{2}f_x-\frac{h}{2}ff_y+\mathcal{O}(h^2).$$

Diese Differenz ist von der Ordnung 2 in h, wenn gilt:

$$\gamma_1+\gamma_2-1=0;\qquad \gamma_2\alpha_2-\frac{1}{2}=0;\qquad \gamma_2\beta_{21}-\frac{1}{2}=0.$$

Für $\alpha_2 \neq 0$ erhält man: $\beta_{21}=\alpha_2$; $\gamma_1=1-\frac{1}{2\alpha_2}$; $\gamma_2=\frac{1}{2\alpha_2}$.

Die *allgemeine Form eines 2-stufigen RK-Verfahrens der Ordnung 2* lautet somit:

$$y_0^*=\eta_0;\; y_j^*=y_{j-1}^*+h(1-\frac{1}{2\alpha_2})f(x_{j-1},y_{j-1}^*)+\frac{h}{2\alpha_2}f(x_{j-1}+\alpha_2 h,y_{j-1}^*+\alpha_2 hf(x_{j-1},y_{j-1}^*)). \qquad (8.17)$$

Für jede Wahl des freien Parameters $\alpha_2 \neq 0$ ergibt sich ein (2,2)-Verfahren.

<u>Spezialfälle:</u>

a) Für $\alpha_2=\frac{1}{2}$ erhält man das *modifizierte Euler-Verfahren:*

$$\begin{array}{c|cc} \frac{1}{2} & \frac{1}{2} & \\ \hline & 0 & 1 \end{array} \qquad (8.18a)$$

Für $f(x,y)\equiv f(x)$ geht dieses Verfahren über in die *Tangententrapezregel* zur numerischen Quadratur von f im Intervall $[x_{j-1},x_j]$.

b) Für $\alpha_2=\frac{2}{3}$ ergibt sich das *Verfahren von Heun*[1]:

$$\begin{array}{c|cc} \frac{2}{3} & \frac{2}{3} & \\ \hline & \frac{1}{4} & \frac{3}{4} \end{array} \qquad (8.18b)$$

[1] diese Verfahren werden in der Literatur unterschiedlich benannt.

c) Schließlich hat man für $\alpha_2=1$ das *verbesserte Euler-Verfahren*[1]:

$$\begin{array}{c|cc} 1 & 1 & \\ \hline & \frac{1}{2} & \frac{1}{2} \end{array} \qquad (8.18c)$$

Dieses Verfahren entspricht im Falle $f(x,y)\equiv f(x)$ der Quadratur von f in $[x_{j-1},x_j]$ nach der *Sehnentrapezregel*.

Alle (2,2)-RK-Verfahren der Form (8.17) haben denselben (beschränkten) Stabilitätsbereich; bei *reellem* H ist ihre Stabilität für $-2.0 < H < 0$ gewährleistet.

8.4.3. Beispiel. Das verbesserte Verfahren von Euler auf

$$y'=-xy^2; \qquad y(1)=2$$

angewandt ergibt:

$$y_0^*=\eta_0;\ y_j^*=y_{j-1}^*-\frac{h}{2}x_{j-1}y_{j-1}^{*2}-\frac{h}{2}(x_{j-1}+h)(y_{j-1}^*-hx_{j-1}y_{j-1}^{*2})^2, \qquad j=1(1)m.$$

Für $h=0.1$ und $x_j=1+0.1j$, $j=0(1)10$ erhält man hierfür die Fehler $e_E=y_j^*-y(x_j)$, die in der folgenden Tabelle den Fehlern e_A des Algorithmus (8.11) (Seite 82) gegenübergestellt sind:

x_j	e_E	e_A
1.0	0.0000	0.0000
1.1	0.0063	0.0071
1.2	0.0085	0.0096
1.3	0.0089	0.0099
1.4	0.0084	0.0094
1.5	0.0077	0.0096
1.6	0.0069	0.0076
1.7	0.0061	0.0067
1.8	0.0053	0.0059
1.9	0.0047	0.0052
2.0	0.0041	0.0045

[1] diese Verfahren werden in der Literatur unterschiedlich benannt.

8.4.4. (3,3)-RK-Formeln.

Die Herleitung einer allgemeinen (3,3)-Formel erfolgt wie in 8.4.2. Für $f\varepsilon\mathbf{C}^3(G)$ ist:

$$k_1=f$$

$$k_2=f+h(\alpha_2f_x+\beta_{21}ff_y)+h^2(\tfrac{1}{2}\alpha_2^2f_{xx}+\alpha_2\beta_{21}ff_{xy}+\tfrac{1}{2}\beta_{21}^2f^2f_{yy})+\mathcal{O}(h^3)$$

$$k_3=f+h(\alpha_3f_x+\beta_{31}ff_y+\beta_{32}ff_y)+h^2\Big[\tfrac{1}{2}\alpha_3^2f_{xx}+\alpha_3(\beta_{31}+\beta_{32})ff_{xy}+\tfrac{1}{2}(\beta_{31}+\beta_{32})^2f^2f_{yy}+$$
$$+\beta_{32}(\alpha_2f_x+\beta_{21}ff_y)f_y\Big]+\mathcal{O}(h^3)$$

und ϕ lautet für q=3, vgl. (8.10):

$$\phi=f+\frac{h}{2}(f_x+ff_y)+\frac{h^2}{6}(f_{xx}+2ff_{xy}+f^2f_{yy}+f_yf_x+ff_y^2).$$

Die Bedingung $\phi_3(x,y;h)-\phi(x,y;h)=\mathcal{O}(h^3)$ führt auf das folgende Gleichungssystem:

$$\gamma_1+\gamma_2+\gamma_3=1 \qquad (8.19a)$$
$$\beta_{21}\gamma_2+(\beta_{31}+\beta_{32})\gamma_3=\frac{1}{2} \qquad (b)$$
$$\alpha_2\beta_{21}\gamma_2+\alpha_3(\beta_{31}+\beta_{32})\gamma_3=\frac{1}{3} \qquad (c)$$
$$\alpha_2\beta_{32}\gamma_3=\frac{1}{6} \qquad (d)$$
$$\alpha_2\gamma_2+\alpha_3\gamma_3=\frac{1}{2} \qquad (e)$$
$$\frac{1}{2}\alpha_2^2\gamma_2+\frac{1}{2}\alpha_3^2\gamma_3=\frac{1}{6} \qquad (f)$$
$$\frac{1}{2}\beta_{21}^2\gamma_2+\frac{1}{2}(\beta_{31}+\beta_{32})^2\gamma_3=\frac{1}{6} \qquad (g)$$
$$\beta_{21}\beta_{32}\gamma_3=\frac{1}{6} \qquad (h)$$

Aus (8.19d) und (8.19h) sowie (8.19b) und (8.19e) folgt unmittelbar (8.16b), d.h.

$$\alpha_2=\beta_{21}\,, \qquad \alpha_3=\beta_{31}+\beta_{32}\,.$$

Hiermit ergibt (8.19a-h) vier unabhängige Gleichungen für sechs Unbekannte. Je nach Wahl der beiden freien Parameter erhält man verschiedene (3,3)-Formeln, z.B. das klassische (3,3)-Verfahren (s. Abschnitt 7.3.4., Seite 76):

$$k_1=f(x,y);\quad k_2=f(x+\tfrac{h}{2},\ y+\tfrac{h}{2}\,k_1)$$
$$k_3=f(x+h,\ y-hk_1+2hk_2) \tag{8.20}$$
$$y_j^*=y_{j-1}^*+\tfrac{h}{6}(k_1(x_{j-1},y_{j-1}^*)+4k_2(x_{j-1},y_{j-1}^*)+k_3(x_{j-1},y_{j-1}^*))$$

mit dem Parameterschema:

$\frac{1}{2}$	$\frac{1}{2}$		
1	-1	2	
	$\frac{1}{6}$	$\frac{4}{6}$	$\frac{1}{6}$

8.5. (4,4)-Runge-Kutta-Verfahren

8.5.1. Im Falle q=r=4 ergibt sich neben den allgemein gültigen Beziehungen (8.16b):

$$\beta_{21}=\alpha_2\ ,\qquad \beta_{31}=\alpha_3-\beta_{32}\ ,\qquad \beta_{41}=\alpha_4-\beta_{42}-\beta_{43}\ ,$$

das folgende nichtlineare Gleichungssystem für die α_i, β_{ij}, γ_i:

$$\begin{aligned}
\gamma_1 + \gamma_2 + \gamma_3 + \gamma_4 &= 1\\
\alpha_2\gamma_2 + \alpha_3\gamma_3 + \alpha_4\gamma_4 &= \tfrac{1}{2}\\
\alpha_2^2\gamma_2 + \alpha_3^2\gamma_3 + \alpha_4^2\gamma_4 &= \tfrac{1}{3}\\
\alpha_2^3\gamma_2 + \alpha_3^3\gamma_3 + \alpha_4^3\gamma_4 &= \tfrac{1}{4}\\
\alpha_2\beta_{32}\gamma_3 + (\alpha_2\beta_{42}+\alpha_3\beta_{43})\gamma_4 &= \tfrac{1}{6}\\
\alpha_2\alpha_3\beta_{32}\gamma_3 + (\alpha_2\beta_{42}+\alpha_3\beta_{43})\gamma_4\alpha_4 &= \tfrac{1}{8}\\
\alpha_2^2\beta_{32}\gamma_3 + (\alpha_2^2\beta_{42}+\alpha_3^2\beta_{43})\gamma_4 &= \tfrac{1}{12}\\
\alpha_2\beta_{32}\beta_{43}\gamma_4 &= \tfrac{1}{24}
\end{aligned} \tag{8.21}$$

Jede Lösung dieses Systems definiert eine Formel der *Ordnung q=4* von Runge-Kutta; insbesondere ergeben sich die folgenden wichtigen Spezialfälle:

8.5.2. Für $\alpha_2=\alpha_3=\frac{1}{2}$ erhält man das *klassische RK-Verfahren* (8.22) der Ordnung 4 mit dem in Abb. 8.1. wiedergegebenen Stabilitätsbereich (aus Symmetriegründen ist nur der Bereich mit $\mathrm{Im}H \geq 0$ dargestellt).

$\frac{1}{2}$	$\frac{1}{2}$			
$\frac{1}{2}$	0	$\frac{1}{2}$		
1	0	0	1	
	$\frac{1}{6}$	$\frac{1}{3}$	$\frac{1}{3}$	$\frac{1}{6}$

(8.22)

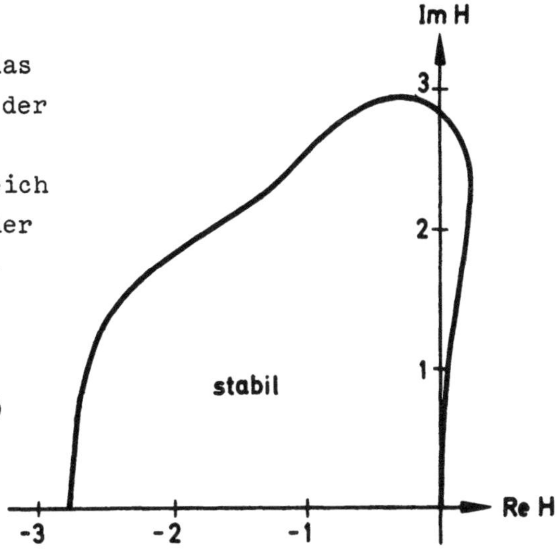

Abb. 8.1.

8.5.3. Die Wahl $\alpha_2=\frac{1}{3}$, $\alpha_3=\frac{2}{3}$ ergibt das *Verfahren von Kutta* oder *3/8-Verfahren*:

$\frac{1}{3}$	$\frac{1}{3}$			
$\frac{2}{3}$	$-\frac{1}{3}$	1		
1	1	-1	1	
	$\frac{1}{8}$	$\frac{3}{8}$	$\frac{3}{8}$	$\frac{1}{8}$

(8.23)

8.5.4. Für $\alpha_2=\alpha_3=\frac{1}{2}$ ergibt sich das *Verfahren von Gill*:

$\frac{1}{2}$	$\frac{1}{2}$			
$\frac{1}{2}$	$(\sqrt{2}-1)/2$	$(2-\sqrt{2})/2$		
1	0	$-\sqrt{2}/2$	$1+\sqrt{2}/2$	
	$\frac{1}{6}$	$(2-\sqrt{2})/6$	$(2+\sqrt{2})/6$	$\frac{1}{6}$

(8.24)

Gill wählte die Parameter so, daß die Anzahl der pro Rechenschritt zu speichernden Werte und damit der Rundungsfehler minimiert wird.

8.5.5. *Beispiel* für die Anwendung von (8.22) auf ein Differentialgleichungs*system* mit drei Gleichungen:

$$(y^1)' = f^1(x,y^1,y^2,y^3) \; ; \qquad y^1(a) = \eta_o^1$$
$$(y^2)' = f^2(x,y^1,y^2,y^3) \; ; \qquad y^2(a) = \eta_o^2$$
$$(y^3)' = f^3(x,y^1,y^2,y^3) \; ; \qquad y^3(a) = \eta_o^3 .$$

Die k_i, $1 \leq i \leq 4$, sind in diesem Fall drei-dimensionale Vektoren, und die 4 Stufen des Rechenschritts am (j-1)-ten Gitterpunkt bestehen aus der Berechnung von:

$$k_1=f(x,y^1,y^2,y^3) \text{ für } x=x_{j-1},\; y^1=y^1_{j-1},\; y^2=y^2_{j-1},\; y^3=y^3_{j-1};$$
$$k_2=f(x,y^1,y^2,y^3) \text{ für } x=x_{j-1}+\tfrac{h}{2},\; y^1=y^1_{j-1}+\tfrac{h}{2}\,k^1_1,\; y^2=y^2_{j-1}+\tfrac{h}{2}\,k^2_1,\; y^3=y^3_{j-1}+\tfrac{h}{2}\,k^3_1 \; ;$$
$$k_3=f(x,y^1,y^2,y^3) \text{ für } x=x_{j-1}+\tfrac{h}{2},\; y^1=y^1_{j-1}+\tfrac{h}{2}\,k^1_2,\; y^2=y^2_{j-1}+\tfrac{h}{2}\,k^2_2,\; y^3=y^3_{j-1}+\tfrac{h}{2}\,k^3_2 \; ;$$
$$k_4=f(x,y^1,y^2,y^3) \text{ für } x=x_{j-1}+h,\; y^1=y^1_{j-1}+h\,k^1_3,\; y^2=y^2_{j-1}+h\,k^2_3,\; y^3=y^3_{j-1}+h\,k^3_3 .$$

Der neue Vektor y^*_j am Gitterpunkt x_j ergibt sich dann aus:

$$y^*_j=y^*_{j-1}+\frac{h}{6}\,(k_1(x_{j-1},y^*_{j-1})+2k_2(x_{j-1},y^*_{j-1})+2k_3(x_{j-1},y^*_{j-1})+k_4(x_{j-1},y^*_{j-1}))=$$
$$=y^*_{j-1}+\frac{h}{6}\,s(x_{j-1},y^*_{j-1})$$

Der Rechenablauf ist in dem folgenden Schema nochmals zusammengefaßt:

x	y^1	y^2	y^3	$f^1(x,y)$	$f^2(x,y)$	$f^3(x,y)$
x_{j-1}	y^1_{j-1}	y^2_{j-1}	y^3_{j-1}	k^1_1	k^2_1	k^3_1
$x_{j-1}+\frac{h}{2}$	$y^1_{j-1}+\frac{h}{2}k^1_1$	$y^2_{j-1}+\frac{h}{2}k^2_1$	$y^3_{j-1}+\frac{h}{2}k^3_1$	$2k^1_2$	$2k^2_2$	$2k^3_2$
$x_{j-1}+\frac{h}{2}$	$y^1_{j-1}+\frac{h}{2}k^1_2$	$y^2_{j-1}+\frac{h}{2}k^2_2$	$y^3_{j-1}+\frac{h}{2}k^3_2$	$2k^1_3$	$2k^2_3$	$2k^3_3$
$x_{j-1}+h$	$y^1_{j-1}+hk^1_3$	$y^2_{j-1}+hk^2_3$	$y^3_{j-1}+hk^3_3$	k^1_4	k^2_4	k^3_4
				+	+	+
				s^1	s^2	s^3
x_j	$y^1_j=y^1_{j-1}+\frac{h}{6}\,s^1$	$y^2_j=y^2_{j-1}+\frac{h}{6}\,s^2$	$y^3_j=y^3_{j-1}+\frac{h}{6}\,s^3$			

8.6. Runge-Kutta-Formeln höherer Ordnung

In den bisher betrachteten Fällen war es stets möglich, Formeln der Ordnung q zu konstruieren, die mit $r=q$ Stufen auskamen, d.h. mit q Berechnungen von $f(x,y)$ pro Rechenschritt. *Dies ist für $q \geq 5$ nicht mehr möglich!* Butcher[1] zeigte, daß kein RK-Verfahren der Ordnung $q=5$ mit $r=5$ Stufen existiert.
Es gibt (5,6)-, (6,7)- und (7,9)-RK-Formeln, jedoch ist *nicht* bekannt, welche *maximale* Ordnung q bei expliziten RK-Verfahren mit $r \geq 10$ erreichbar ist.

8.6.1. Gute numerische Ergebnisse wurden mit den folgenden *(5,6)-Formeln* erzielt:

Butcher-Formel:

$$\begin{array}{c|cccccc}
\frac{1}{4} & \frac{1}{4} & & & & & \\
\frac{1}{4} & \frac{1}{8} & \frac{1}{8} & & & & \\
\frac{1}{2} & 0 & -\frac{1}{2} & 1 & & & \\
\frac{3}{4} & \frac{3}{16} & 0 & 0 & \frac{9}{16} & & \\
1 & -\frac{3}{7} & \frac{2}{7} & \frac{12}{7} & -\frac{12}{7} & \frac{8}{7} & \\
\hline
 & \frac{7}{90} & 0 & \frac{32}{90} & \frac{12}{90} & \frac{32}{90} & \frac{7}{90}
\end{array} \qquad (8.25)$$

Dieses Verfahren entspricht im Falle $f(x,y) \equiv f(x)$ einer Newton-Cotes-Quadratur mit fünf Stützstellen. Es hat - nach dem Verfahren (8.28) von Lawson - den zweitgrößten *reellen* Stabilitätsbereich der hier vorgestellten Verfahren, nämlich $-3.2<H<0$.

---

[1] Butcher, J.C.: On RK-Processes of High Order, J. Austral. Math. Soc. 4 (1964)

Luther-Formel:

$$\begin{array}{c|cccccc}
1 & 1 & & & & & \\
1 & \frac{1}{2} & \frac{1}{2} & & & & \\
\frac{1}{4} & \frac{14}{64} & \frac{5}{64} & -\frac{3}{64} & & & \\
\frac{1}{2} & -\frac{12}{96} & -\frac{12}{96} & \frac{8}{96} & \frac{64}{96} & & \\
\frac{3}{4} & 0 & -\frac{9}{64} & \frac{5}{64} & \frac{16}{64} & \frac{36}{64} & \\
\hline
 & \frac{7}{90} & 0 & \frac{7}{90} & \frac{32}{90} & \frac{12}{90} & \frac{32}{90}
\end{array} \tag{8.26}$$

Dieses Verfahren entspricht für f(x,y)≡f(x) einer *Newton-Cotes*-Quadratur von f mit fünf Stützstellen.

Sarafyan-Formel:

$$\begin{array}{c|cccccc}
\frac{1}{2} & \frac{1}{2} & & & & & \\
\frac{1}{2} & \frac{1}{4} & \frac{1}{4} & & & & \\
1 & 0 & -1 & 2 & & & \\
\frac{2}{3} & \frac{7}{27} & \frac{10}{27} & 0 & \frac{1}{27} & & \\
\frac{1}{5} & \frac{28}{625} & -\frac{125}{625} & \frac{546}{625} & \frac{54}{625} & -\frac{378}{625} & \\
\hline
 & \frac{14}{336} & 0 & 0 & \frac{35}{336} & \frac{162}{336} & \frac{125}{336}
\end{array} \tag{8.27}$$

Das folgende (5,6)-RK-Verfahren von Lawson hat von allen hier betrachteten Verfahren den *größten reellen Stabilitätsbereich*, nämlich $-5.7<H<0$.

Lawson-Formel:

$$\begin{array}{c|cccccc}
\frac{1}{2} & \frac{1}{2} & & & & & \\
\frac{1}{4} & \frac{3}{16} & \frac{1}{16} & & & & \\
\frac{1}{2} & 0 & 0 & \frac{1}{2} & & & \\
\frac{3}{4} & 0 & -\frac{3}{16} & \frac{6}{16} & \frac{9}{16} & & \\
1 & \frac{1}{7} & \frac{4}{7} & \frac{6}{7} & -\frac{12}{7} & \frac{8}{7} & \\
\hline
 & \frac{7}{90} & 0 & \frac{32}{90} & \frac{12}{90} & \frac{32}{90} & \frac{7}{90}
\end{array} \tag{8.28}$$

8.6.2. Man kann zeigen, daß explizite RK-Verfahren beliebig hoher Ordnung q existieren, jedoch nimmt der Rechenaufwand mit wachsendem q i.allg. so erheblich zu, daß die Verfahren mit q>5 nur von *geringem praktischen Wert* sind.

Als *Beispiele* für Verfahren mit q>5 seien das (6,7)-Verfahren (8.29) von *Butcher* und das (6,8)-Verfahren (8.30) von *Fehlberg* angeführt:

$$\begin{array}{c|ccccccc}
\frac{1}{3} & \frac{1}{3} \\
\frac{2}{3} & 0 & \frac{2}{3} \\
\frac{1}{3} & \frac{1}{12} & \frac{4}{12} & -\frac{1}{12} \\
\frac{1}{2} & -\frac{1}{16} & \frac{18}{16} & -\frac{3}{16} & -\frac{6}{16} \\
\frac{1}{2} & 0 & \frac{9}{8} & -\frac{3}{8} & -\frac{6}{8} & \frac{4}{8} \\
1 & \frac{9}{44} & -\frac{36}{44} & \frac{63}{44} & \frac{72}{44} & 0 & -\frac{64}{44} \\
\hline
 & \frac{11}{120} & 0 & \frac{81}{120} & \frac{81}{120} & -\frac{32}{120} & -\frac{32}{120} & \frac{11}{120}
\end{array} \qquad (8.29)$$

$$\begin{array}{c|cccccccc}
\frac{1}{6} & \frac{1}{6} \\
\frac{4}{15} & \frac{4}{75} & \frac{16}{75} \\
\frac{2}{3} & \frac{5}{6} & -\frac{16}{6} & \frac{15}{6} \\
\frac{4}{5} & -\frac{40}{25} & \frac{144}{25} & -\frac{100}{25} & \frac{16}{25} \\
1 & \frac{722}{640} & -\frac{2304}{640} & \frac{2035}{640} & -\frac{88}{640} & \frac{275}{640} \\
0 & -\frac{22}{1280} & 0 & \frac{55}{1280} & -\frac{88}{1280} & \frac{55}{1280} & 0 \\
1 & \frac{186}{1280} & -\frac{4608}{1280} & \frac{4015}{1280} & -\frac{88}{1280} & \frac{495}{1280} & 0 & \frac{1280}{1280} \\
\hline
 & \frac{42}{8448} & 0 & \frac{3375}{8448} & \frac{2376}{8448} & \frac{1375}{8448} & 0 & \frac{640}{8448} & \frac{640}{8448}
\end{array} \qquad (8.30)$$

8.7. Schrittweitensteuerung

Effizienz und Genauigkeit eines Verfahrens hängen wesentlich von der Wahl der Schrittweite h ab und der Möglichkeit, sie *während der Rechnung zu verändern*. In den Paragraphen 8.8. und 8.9. werden daher Methoden zur Steuerung des Parameters h diskutiert. Zunächst einige allgemeine Bemerkungen.

Der globale Ersetzungsfehler $e(x):=(y(x)-y^*(x))$ an der Stelle $x=x_\ell$ entsteht durch Akkumulation der lokalen Fehler (vgl. (8.6)):

$$\delta_j:=h^{-1}[y(x_j)-y(x_{j-1})-h\phi(x_{j-1},y(x_{j-1});h)], \qquad j=1(1)\ell. \qquad (8.31)$$

Um $e(x)$ klein zu halten, muß die Schrittweite h so gesteuert werden, daß die δ_j unterhalb einer vorgegebenen Fehlerschranke liegen, wobei andererseits h aber auch nicht zu klein gewählt werden darf, weil der Einfluß der Rundungsfehler sonst größer wird als der Ersetzungsfehler; die Genauigkeit des Verfahrens würde dadurch zerstört.
Tritt nämlich bei der Berechnung von y_j^* gemäß (8.3) noch ein Rundungsfehler $\varepsilon\neq 0$ auf, so gilt für den lokalen Gesamtfehler $\bar{\delta}_j$ (= Ersetzungs- plus Rundungsfehler):

$$|\bar{\delta}_j| = h^{-1}|y(x_j)-y(x_{j-1})-h\phi(x_{j-1},y(x_{j-1});h)+\varepsilon| = \mathcal{O}(h^{-1})$$

d.h. $|\bar{\delta}_j|$ wächst für $h\to o$ über alle Grenzen.

Das Problem besteht somit darin, durch Schrittweitensteuerung zu erreichen, daß für alle $j=1(1)m$ gilt: $|\delta_j|\in I(\varepsilon)$, wobei $I(\varepsilon)=[\varepsilon_1,\varepsilon_2]$, $0<\varepsilon_1<\varepsilon_2$ ein vorgegebenes *Toleranzintervall* der Länge ε ist. Das erfordert die Berechnung oder doch wenigstens eine Abschätzung des lokalen Ersetzungsfehlers δ_j. Über Gleichung (8.7) kann δ_j *nicht* berechnet werden, weil Schranken für die partiellen Ableitungen von f i.allg. nicht bekannt sind; es gibt jedoch zwei andere Möglichkeiten, δ_j näherungsweise zu bestimmen, nämlich

1. durch Ausführung *zweier Rechenschritte* an der Stelle x_{j-1} mit den Schrittweiten h und h/2 und anschließender Richardson-Extrapolation,

2. durch Verwendung *zweier Verfahren* verschiedener Ordnung und Vergleich der Ergebnisse ("Schrittweitensteuerung mit eingebetteten Verfahren").

Diese Möglichkeiten werden im folgenden dargestellt; sie basieren auf Überlegungen, die nicht auf RK-Verfahren beschränkt sind und daher auf andere Verfahren übertragen werden können.

8.8. Schrittweitensteuerung durch Richardson-Extrapolation

8.8.1. Es sei $f\varepsilon\mathbb{C}^{q+1}[G], q\geq 1$, und das explizite Einschrittverfahren (8.3) habe die Konsistenzordnung q. Es seien y_j^* bzw. $\bar{y}_j^*$ die Ergebnisse eines Rechenschrittes mit (8.3) und der Schrittweite h, bzw. zweier Rechenschritte mit der Schrittweite $\frac{h}{2}$, jeweils mit dem Startwert y_{j-1}^*, d.h.

$$y_j^*=y_{j-1}^*+h\phi(x_{j-1},y_{j-1}^*;h)$$
$$y_{j-1/2}^*=y_{j-1}^*+\frac{h}{2}\phi(x_{j-1},y_{j-1}^*;\frac{h}{2})$$
$$\bar{y}_j^*=y_{j-1/2}^*+\frac{h}{2}\phi(x_{j-1}+\frac{h}{2},y_{j-1/2}^*;\frac{h}{2}).$$

Dann gilt der folgende Satz:

8.8.2. Satz

Unter den vorstehenden Voraussetzungen ist

$$\delta_j=\delta_j^*+\mathcal{O}(h^{q+1}) \quad \text{mit} \quad \delta_j^*:=\frac{(\bar{y}_j^*-y_j^*)}{h(1-2^{-q})}. \qquad (8.32)$$

8.8.3. Beweis. Bezeichne $u_{j-1/2}$ bzw. u_j die exakte Lösung der Differentialgleichung $u'=f(x,u)$ mit $u(x_{j-1})=y_{j-1}^*$ an der Stelle $x=x_j-\frac{h}{2}$ bzw. $x=x_j$, dann gilt mit (8.7)

$$u_j=y_j^*+h^{q+1}\varphi(x_j,u_j)+\mathcal{O}(h^{q+2}) \qquad (8.33a)$$
$$u_{j-1/2}=y_{j-1/2}^*+(\tfrac{h}{2})^{q+1}\varphi(x_{j-1}+\tfrac{h}{2},u_{j-1/2})+\mathcal{O}(h^{q+2}) \qquad (8.33b)$$
$$u_j=u_{j-1/2}+\frac{h}{2}\phi(x_{j-1}+\frac{h}{2},u_{j-1/2};\frac{h}{2})+(\tfrac{h}{2})^{q+1}\varphi(x_j,u_j)+\mathcal{O}(h^{q+2}) \qquad (8.33c)$$

(8.33b) in (8.33c) eingesetzt ergibt mit $\varphi(x-\frac{h}{2},y(x-\frac{h}{2}))=\varphi(x,y)+\mathcal{O}(h)$:

$$u_j=y^*_{j-1/2}+\frac{h}{2}\phi(x_{j-1}+\frac{h}{2},y^*_{j-1/2};\frac{h}{2})+2(\frac{h}{2})^{q+1}\varphi(x_j,u_j)+\mathcal{O}(h^{q+2})+$$
$$+\frac{h}{2}\left[\phi(x_{j-1}+\frac{h}{2},u_{j-1/2};\frac{h}{2})-\phi(x_{j-1}+\frac{h}{2},y^*_{j-1/2};\frac{h}{2}\right].$$

Mit (8.33b) und der Lipschitzbedingung (8.4) folgt:

$$u_j=\bar{y}^*_j+2(\frac{h}{2})^{q+1}\varphi(x_j,u_j)+\mathcal{O}(h^{q+2}). \qquad (8.34)$$

Subtraktion von (8.33a) und (8.34) ergibt

$$\bar{y}^*_j-y^*_j=h^{q+1}\varphi(x_j,u_j)(1-2^{-q})+\mathcal{O}(h^{q+2}).$$

Wegen Satz 8.1.2. ist $u_j-y_j=u_j-y^*_j+y^*_j-y_j=\mathcal{O}(h^q)$, daher folgt

$$\bar{y}^*_j-y^*_j=h^{q+1}(1-2^{-q})\varphi(x_j,y_j)+\mathcal{O}(h^{q+2})$$
$$=h(1-2^{-q})\delta_j+\mathcal{O}(h^{q+2}).$$

8.8.4. Ist $|\delta^*_j|$ größer (bzw. kleiner) als eine vorgegebene obere (bzw. untere) Genauigkeitsschranke, so wird die Schrittweite h verkleinert (bzw. vergrößert). Diese Schrittweitenkontrolle erfordert jedesmal eine zusätzliche Auswertung von ϕ.

8.9. Schrittweitensteuerung durch eingebettete Verfahren

8.9.1. Die Idee der folgenden Methode zur Kontrolle des lokalen Ersetzungsfehlers δ_j ist einfach: Ähnlich wie bei der Abschätzung durch Richardson-Extrapolation werden wieder zwei Werte y^*_j und $\bar{y}^*_j$ berechnet, jetzt aber mit zwei *verschiedenen Verfahren* (bei gleicher Schrittweite h), und zwar y^*_j mit einem Einschrittverfahren M der Ordnung q:

$$y^*_j=y^*_{j-1}+h\phi(x_{j-1},y^*_{j-1};h)$$

und $\bar{y}^*_j$ mit einem Verfahren $\bar{M}$ der Ordnung (q+1) ($\bar{M}$ braucht nicht notwendig ein Einschrittverfahren zu sein).

Dann gilt für $f\in\mathbb{C}^{q+1}[G]$:

$$u_j=y_j^*+h\delta_j \qquad \text{sowie} \qquad u_j=\bar{y}_j^*+\mathcal{O}(h^{q+2}), \tag{8.35}$$

mit u_j wie in Beweis 8.8.3. Hieraus folgt der Satz:

8.9.2. Satz

Sei $f\in\mathbb{C}^{q+1}[G]$; dann gilt für den lokalen Ersetzungsfehler δ_j des Verfahrens M:

$$\delta_j=\delta_j^*+\mathcal{O}(h^{q+1}) \quad \text{mit} \quad \delta_j^*:=h^{-1}(\bar{y}_j^*-y_j^*). \tag{8.36}$$

8.9.3. Diese Methode ist weniger aufwendig als die des Paragraphen 8.8., wenn M und $\bar{M}$ RK-Verfahren sind und die Funktionen k_i, i=1(1)r (vgl. (8.13), Seite 83) von M sämtlich *auch beim Verfahren $\bar{M}$ auftreten*. Man benutzt somit ein Paar von RK-Formeln der Ordnung q und (q+1) der Form:

$$y_j^*=y_{j-1}^*+h\sum_{i=1}^{r}\gamma_i k_i(x_{j-1},y_{j-1}^*), \quad \text{M: Ordnung q} \tag{8.37a}$$

$$\bar{y}_j^*=y_{j-1}^*+h\sum_{i=1}^{\bar{r}}\bar{\gamma}_i k_i(x_{j-1},y_{j-1}^*), \quad \bar{M}\text{: Ordnung (q+1)} \tag{8.37b}$$

Das Verfahren M ist dann praktisch im Verfahren $\bar{M}$ enthalten (*eingebettet*).

8.9.4. Betrachten wir als *Beispiel*[1] die 6-stufige *Sarafyan*-Formel (8.27):

$$\begin{array}{c|cccccc}
\frac{1}{2} & \frac{1}{2} \\
\frac{1}{2} & \frac{1}{4} & \frac{1}{4} \\
1 & 0 & -1 & 2 \\
\frac{2}{3} & \frac{7}{27} & \frac{10}{27} & 0 & \frac{1}{27} \\
\frac{1}{5} & \frac{28}{625} & \frac{-125}{625} & \frac{546}{625} & \frac{54}{625} & \frac{-378}{625} \\
\hline
\bar{\gamma}_i: & \frac{14}{336} & 0 & 0 & \frac{35}{336} & \frac{162}{336} & \frac{125}{336} \\
\gamma_i: & \frac{1}{6} & 0 & \frac{4}{6} & \frac{1}{6}
\end{array}
\quad
\begin{array}{l}
\\ \\ \\ \\ \\ \\
\text{Ordnung } 5 \\
\text{Ordnung } 4
\end{array}
\qquad (8.38)$$

Das Schema (8.27) wurde hier um die letzte Zeile erweitert, welche die Koeffizienten der k_i enthält, die beim Verfahren M auftreten.

In diesem Beispiel hat $\overline{M}$ die Ordnung 5 und lautet

$$\bar{y}_j^* = y_{j-1}^* + \frac{h}{336}(14k_1 + 35k_4 + 162k_5 + 125k_6);$$

M ist durch

$$y_j^* = y_{j-1}^* + \frac{h}{6}(k_1 + 4k_3 + k_4)$$

gegeben und hat die Ordnung 4.

---

[1] D. Sarafyan: Multi-order property of Runge-Kutta formulas and error estimation, Louisiana State Univ., Techn. Report No. 29 (Nov. 1967)

8.9.5. Das folgende Verfahren mit 6-stufigem $\overline{M}$ der Ordnung 5 und 5-stufigem M der Ordnung 4 stammt von *Fehlberg*:

$$
\begin{array}{c|cccccc}
\frac{1}{4} & \frac{1}{4} & & & & & \\
\frac{3}{8} & \frac{3}{32} & \frac{9}{32} & & & & \\
\frac{12}{13} & \frac{1932}{2197} & \frac{-7200}{2197} & \frac{7296}{2197} & & & \\
1 & \frac{439}{216} & -8 & \frac{3680}{513} & \frac{-845}{4104} & & \\
\frac{1}{2} & \frac{-8}{27} & 2 & \frac{-3544}{2565} & \frac{1859}{4104} & \frac{-11}{40} & \\
\hline
\bar{\gamma}_i: & \frac{16}{135} & 0 & \frac{6656}{12825} & \frac{28561}{56430} & \frac{-9}{50} & \frac{2}{55} \quad \text{Ordnung 5} \\
\gamma_i: & \frac{25}{216} & 0 & \frac{1408}{2565} & \frac{2197}{4104} & \frac{-1}{5} & \quad \text{Ordnung 4}
\end{array}
\qquad (8.39)
$$

Es erlaubt eine einfache Schrittweitensteuerung über die Abschätzung (8.36) des lokalen Ersetzungsfehlers.
In (8.39) sind auch noch das Euler- und das verbesserte Euler-Verfahren (8.18c) *mit der Schrittweite* $\frac{h}{4}$ eingebettet:

$$y^*(x_{j-1}+\tfrac{h}{4})=y^*_{j-1}+\tfrac{h}{4}k_1 \quad , \qquad \text{Ordnung } q=1$$

$$y^*(x_{j-1}+\tfrac{h}{4})=y^*_{j-1}+\tfrac{h}{4}(\tfrac{1}{2}k_1+\tfrac{1}{2}k_2), \qquad \text{Ordnung } q=2$$

Nach Satz 8.9.2. kann man daher ohne zusätzlichen Rechenaufwand auch noch den lokalen Fehler des *Euler-Verfahrens* abschätzen; man erhält: $\delta^E_j := \delta^*_j = \frac{1}{2}(k_2-k_1)$. (8.40)

Hiervon werden wir in Paragraph 8.10. Gebrauch machen.

8.9.6. Wir betrachten nun den speziellen Fall:

$$\bar{r}=r+1,\quad k_{r+1}(x,y)=f(x+h,y+h\sum_{i=1}^{r}\gamma_i k_i), \tag{8.41}$$

bei dem in der letzten Stufe von $\bar{M}$ die γ_i von M als Koeffizienten auftreten. Wegen $y_j^*+h\sum_{i=1}^{r}\gamma_i k_i=y_{j+1}^*$ ist dann $k_{r+1}(x_j,y_j^*)=f(x_j+h,y_{j+1}^*)=k_1(x_{j+1},y_{j+1}^*)$, d.h. die letzte Funktionsauswertung von y_j^* kann - falls keine Schrittweitenänderung vorgenommen wird - *als (ohnehin notwendige) erste Auswertung von f im nächsten Rechenschritt* benutzt werden. Die Berechnung von $\bar{y}_j^*$ erfordert somit in diesem Fall keine *zusätzliche* Auswertung von f.

Als *Beispiel* betrachten wir das folgende, ebenfalls von Fehlberg stammende Verfahren mit 4-stufigem $\bar{M}$ der Ordnung 3 und r=3-stufigem M der Ordnung 2.

$\frac{1}{4}$	$\frac{1}{4}$				
$\frac{27}{40}$	$-\frac{189}{800}$	$\frac{729}{800}$			(8.42)
1	$\frac{214}{891}$	$\frac{1}{33}$	$\frac{650}{891}$		
$\bar{\gamma}_i$:	$\frac{533}{2106}$	0	$\frac{800}{1053}$	$\frac{-1}{78}$	Ordnung 3
γ_i:	$\frac{214}{891}$	$\frac{1}{33}$	$\frac{650}{891}$		Ordnung 2

Wie man aus den Zeilen 3 und 5 von (8.42) erkennt, ist (8.41) erfüllt. Das Verfahren benötigt daher pro Rechenschritt nur 3 Funktionsauswertungen (wenn man von Schritten nach einer Änderung von h absieht).

Für den lokalen Ersetzungsfehler des Verfahrens M kann man durch Taylorentwicklung zeigen:

$$\delta_j=h^2\varphi(x_j,y_j)+\mathcal{O}(h^3) \tag{8.43}$$

mit $\varphi(x,y)=\frac{1}{2112}\left[(f_x f_y+f_y^2 f)-(f_{xx}+2f_{xy}f+f_{yy}f^2)\right]$.

Ein Vergleich von (8.43) mit dem lokalen Ersetzungsfehler anderer Verfahren der Ordnung 2, etwa dem verbesserten Eulerverfahren (siehe (8.8), Seite 81), läßt eine hohe Genauigkeit des Verfahrens M erwarten.

Weitere Beispiele sowie Anwendungen findet man in den Originalarbeiten von Fehlberg[1)].

8.10. Ein Test auf Steifheit

Um unnötig lange Rechenzeiten und ungenaue Ergebnisse zu vermeiden, empfiehlt es sich, während der Rechnung zu testen, ob das behandelte Anfangswertproblem *für das verwendete Verfahren* zu steif ist. L.F. Shampine hat einen solchen Test vorgeschlagen und in Verbindung mit RK-Verfahren diskutiert; wir geben hier eine kurze Zusammenfassung seiner Darstellung[2)]. Da die Frage des Erkennens steifer Systeme noch unzureichend untersucht ist, haben die folgenden Betrachtungen vorläufigen Charakter.

Betrachten wir das Fehlberg-Verfahren (8.39). Wie in Abschnitt 8.9.5. angemerkt, erlaubt es die gleichzeitige Abschätzung des lokalen Ersetzungsfehlers der Formel 4. Ordnung sowie des Euler-Verfahrens mit der Schrittweite $\frac{h}{4}$. Wir bezeichnen diese *Abschätzungen* mit δ_j^F und δ_j^E; ferner sei $I(\varepsilon)=[\varepsilon_1,\varepsilon_2]$, $0<\varepsilon_1<\varepsilon_2$, das Toleranzintervall, d.h. die Schrittweite h wird nicht geändert, wenn für die Abschätzung (8.36) des lokalen Fehlers gilt: $|\delta_j^*|\in I(\varepsilon)$.

Wegen seiner höheren Ordnung erlaubt das Fehlberg-Verfahren i.allg. eine größere Schrittweite h als das Euler-Verfahren, d.h. i.allg. folgt aus $|\delta_j^F|\in I(\varepsilon)$: $|\delta_j^E|\notin I(\varepsilon)$. Das gilt jedoch *nicht* bei *steifen* Systemen, bei denen die Schrittweite *aus Stabilitätsgründen* klein sein muß (vgl. Abschnitt 7.2.12., Seite 71). Hierauf beruht die Idee des folgenden Tests.

---

1) E. Fehlberg: Klassische RK-Formeln vierter und niedrigerer Ordnung mit Schrittweitenkontrolle und ihre Anwendung auf Wärmeleitungsprobleme, Computing 6, 61-71 (1970)

" Klassische RK-Formeln 5. und 7. Ordnung mit Schrittweitenkontrolle, Computing 4, 93-106 (1969)

" Classical $5^{th}, 6^{th}, 7^{th}$ and 8th order RK-formulas with stepsize control. NASA TR 287,(1968).

2) L.F. Shampine: Stiffness and nonstiff differential equation solvers, II: Detecting Stiffness with RK-methods, ACM TOMS, Vol. 3, No. 1 (1977), S. 44-53

Nach jedem Schritt mit der Fehlberg-Formel, bei dem $|\delta_j^F| \varepsilon I(\varepsilon)$ erfüllt war, wird getestet, ob auch $|\delta_j^E| \varepsilon I(\varepsilon)$ gilt mit $\delta_j^E = \frac{1}{2}(k_2 - k_1)$, s. (8.40). Ist das für mehr als N (z.B. N=25) einer Folge von 2N Fehlberg-Schritten der Fall, so wird Steifheit angezeigt und der Test ist beendet; ist es nicht der Fall, so wird die nächste Folge von 2N Schritten betrachtet. Trotz der simplen Konstruktion dieses Tests wurden gute Ergebnisse mit ihm erzielt.

Die folgende Analyse macht deutlich, wann der Test versagt. Abbildung 8.2. zeigt den Stabilitätsbereich der Fehlberg-Formel und des Euler-Verfahrens (da dieses mit der Schrittweite h/4 benutzt wird, ergibt die Umrechnung auf h den gebrochen gezeichneten - um den Faktor 4 vergrößerten - Stabilitätskreis). Aus Symmetriegründen wird nur die obere Halbebene betrachtet.

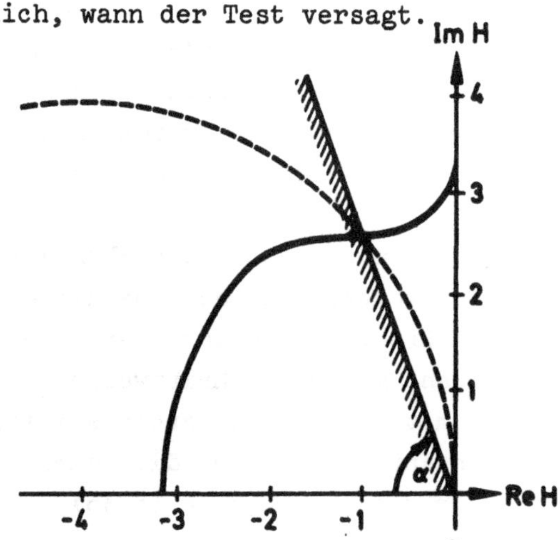

Abb. 8.2.

Ist das Differentialgleichungssystem $y'=f(x,y)$ steif, so wird h durch die Schrittweitensteuerung so groß wie möglich gehalten; das Verfahren bewegt sich dann i.allg. auf der Stabilitätsgrenze, deren größerer Teil im Stabilitätsbereich des Euler-Verfahrens liegt. Sei λ derjenige Eigenwert der Funktionalmatrix von f, der die Schrittweite h bestimmt, und $S(\alpha)$ der schraffierte Winkelbereich der H-Ebene. Für $\lambda \varepsilon S(\alpha), |\lambda| \gg 1$, liegen $|\delta_j^F|$ *und* $|\delta_j^E|$ i.allg. im Toleranzintervall $I(\varepsilon)$; für $\lambda \notin S(\alpha)$ *versagt* der Test, d.h. er zeigt evtl. vorhandene Steifheit *nicht* an. Eigenwerte λ_i, die *keinen* Einfluß auf h haben (i.allg. sind das die Eigenwerte mit $|\lambda_i|<|\lambda|$), können außerhalb von $S(\alpha)$ liegen, ohne den Test zu beeinträchtigen, wenn $H_i:=\lambda_i h$ in den Stabilitätsbereich des Eulerverfahrens fällt.

Die obigen Überlegungen lassen erwarten, daß der Test umso besser funktioniert, je steifer das System ist, und umso schlechter, je kleiner das Toleranzintervall $I(\varepsilon)$ gewählt wird. Diese Voraussagen wurden numerisch bestätigt.

Man beachte, daß hier Steifheit *bezüglich des benutzten Verfahrens* getestet wird. Das ist sinnvoll, denn Steifheit braucht nur dann gemeldet zu werden, wenn sie den Algorithmus zu erheblicher Mehrarbeit zwingt und damit zu einem Anwachsen der Rundungsfehler beiträgt.

Jedes explizite RK-Verfahren enthält einen Euler-Schritt mit der Schrittweite $\beta_{21}h$. Der Shampine-Test kann somit auf beliebige *andere*, explizite RK-Verfahren übertragen werden.

8.11. Implizite Runge-Kutta-Verfahren

Die allgemeinste Form r-stufiger RK-Verfahren ergibt sich aus dem Ansatz

$$y_j^* = y_{j-1}^* + h \sum_{i=1}^{r} \gamma_i k_i(x_{j-1}, y_{j-1}^*), \quad j=1(1)m \tag{8.44a}$$

$$k_i(x,y) = f(x+\alpha_i h,\ y+h \sum_{j=1}^{r} \beta_{ij} k_j), \quad i=1(1)r. \tag{8.44b}$$

Bei den in den vorigen Abschnitten betrachteten *expliziten* RK-Verfahren galt: $\beta_{ij}=0$ für $i \leq j$. Im folgenden werden *implizite* RK-Verfahren behandelt, für die es $\beta_{ij} \neq 0$ mit $i \leq j$ gibt, und *semi-implizite* RK-Verfahren mit $\beta_{ij}=0$ für $i<j$, aber $\beta_{ii} \neq 0$ für wenigstens ein i.

Da implizite RK-Verfahren eine größere Anzahl verfügbarer Parameter haben als explizite Verfahren, besteht die Hoffnung, mit ihnen wesentlich höhere Ordnungen zu erzielen. Tatsächlich kann man zeigen, daß es zu jedem r ein r-stufiges implizites RK-Verfahren der Ordnung q=2r gibt. Andererseits ist zur Berechnung der k_i ein nichtlineares Gleichungssystem zu lösen, was einen erheblichen, zusätzlichen Rechenaufwand darstellt. *Implizite Verfahren sind daher nur dann von praktischem Interesse, wenn sie A-stabil oder wenigstens steif-stabil sind.*

Im Spezialfall $f(x,y)\equiv f(x)$ erhält man aus $y'=f(x,y)$ durch Integration über das Intervall $[x_{j-1},x_j]$:

$$y_j=y_{j-1}+\int_{x_{j-1}}^{x_j} f(x)dx,$$

und (8.44a/b) ergibt:

$$y_j^*=y_{j-1}^*+h\sum_{i=1}^{r}\gamma_i f(x_{j-1}+\alpha_i h).$$

Jedes RK-Verfahren enthält somit eine Quadraturformel der Form:

$$\int_{x_{j-1}}^{x_j} f(x)dx \approx h\sum_{i=1}^{r}\gamma_i f(x_{j-1}+\alpha_i h).$$

Tatsächlich war dieses der Ausgangspunkt Runges bei der Konstruktion des klassischen Verfahrens (8.22), und die folgenden Abschnitte zeigen, wie man diese Tatsache zur Konstruktion impliziter RK-Verfahren ausnutzen kann.

Eine *kompliziertere Konstruktionsmöglichkeit* liegt, wie bei den expliziten RK-Verfahren, in der Methode der Taylorentwicklung bis zur erstrebten Ordnung q und anschließendem Koeffizientenvergleich.

In Kapitel 10 werden wir zeigen, daß sich spezielle, implizite RK-Verfahren auch noch recht einfach auf eine dritte Weise finden lassen, nämlich durch Zurückführung auf block-implizite Verfahren und Anwendung unseres Satzes 4.5.3. (Seite 45).

8.11.1. Gauss-Formeln

r-stufige implizite RK-Formeln lassen sich nach Butcher[1] wie folgt aus den Gauss-Quadratur-Formeln gewinnen:

- Die α_i, $i=1(1)r$, werden als Wurzeln von $P_r(2\alpha-1)$ gewählt, wobei P_r das Legendre-Polynom vom Grad r ist.
- Die β_{ij}, $i,j=1(1)r$, sind Lösung des *linearen* Gleichungssystems

$$\sum_{j=1}^{r} \beta_{ij}\, \alpha_j^{k-1} = \frac{1}{k}\, \alpha_i^k \,; \qquad i=1(1)r;\ k=1(1)r. \qquad (8.45a)$$

- Die γ_j, $j=1(1)r$, werden aus dem *linearen* Gleichungssystem

$$\sum_{j=1}^{r} \gamma_j\, \alpha_j^{k-1} = \frac{1}{k} \,; \qquad k=1(1)r \qquad (8.45b)$$

  bestimmt.

Für die α_i und γ_i, $i=1(1)r$, gilt dann: $\alpha_i \varepsilon (0,1)$ und $\gamma_j > 0$.

Die so gewonnenen Formeln heißen *r-stufige implizite Gauss-Formeln*. Sie haben die *Ordnung* $q=2r$ und sind alle *A-stabil;* ihre Hauptwurzel $\mu_1(H)$ ist eine (r,r)-Padé-Approximation[2] von e^H.

---

[1] Butcher, J.C.: Implicit R.K. Processes, Math. Comp. 18 (1964)

[2] d.h. $\mu_1(H)$ ist diejenige rationale Funktion $\frac{P_r(H)}{Q_r(H)}$, deren Taylorentwicklung an der Stelle H=0 mit der Entwicklung von e^H am besten übereinstimmt.

Spezialfälle:

a) *Implizite (2,1)-Gauss-Formel:*

$$\begin{array}{c|c} \frac{1}{2} & \frac{1}{2} \\ \hline & 1 \end{array} \qquad \text{d.h. } y_j^* = y_{j-1}^* + hk_1(x_{j-1}, y_{j-1}^*) \quad \text{mit } k_1 = f(x_{j-1}+\tfrac{h}{2}, y_{j-1}^* + \tfrac{h}{2}k_1). \tag{8.46}$$

b) *Implizite (4,2)-Gauss-Formel:*

$$\begin{array}{c|cc} (3-\sqrt{3})/6 & \frac{1}{4} & (3-2\sqrt{3})/12 \\ (3+\sqrt{3})/6 & (3+2\sqrt{3})/12 & \frac{1}{4} \\ \hline & \frac{1}{2} & \frac{1}{2} \end{array} \tag{8.47}$$

c) *Implizite (6,3)-Gauss-Formel:*

$$\begin{array}{c|ccc} (5-\sqrt{15})/10 & \frac{5}{36} & (10-3\sqrt{15})/45 & (25-6\sqrt{15})/180 \\ \frac{1}{2} & (10+3\sqrt{15})/72 & \frac{2}{9} & (10-3\sqrt{15})/72 \\ (5+\sqrt{15})/10 & (25+6\sqrt{15})/180 & (10+3\sqrt{15})/45 & \frac{5}{36} \\ \hline & \frac{5}{18} & \frac{4}{9} & \frac{5}{18} \end{array} \tag{8.48}$$

8.11.2. Semi-implizite Runge-Kutta-Verfahren

Die in diesem Abschnitt behandelten semi-impliziten RK-Verfahren wurden von Rosenbrock[1] eingeführt und von Haines[2] verfeinert. O.B.d.A. werde in diesem Abschnitt angenommen, daß die rechte Seite der zu behandelnden Differentialgleichung nur implizit über y von x abhängt; d.h. das zu lösende Anfangswertproblem habe die Form

$$y'(x)=f(y(x)), \quad x\in[a,b], \qquad (8.49)$$
$$y(a)=\eta_0.$$

Jedes Anfangswertproblem mit explizit von x abhängiger rechter Seite f kann durch Vermehrung der Gleichungen (d.h. Anheben der Dimension des Problems) auf die Form (8.49) gebracht werden. Beispielsweise ist das *skalare* Anfangswertproblem

$$y'=f(x,y); \qquad y(a)=\eta_0,$$

mit dem zwei-dimensionalen Problem

$$y_1'=1 \;; \qquad y_1(a)=a$$
$$y_2'=f(y_1,y_2); \; y_2(a)=\eta_0,$$

identisch.

Semi-implizite RK-Verfahren sind spezielle implizite RK-Methoden, bei denen zur Berechnung der k_i, $i=1(1)r$, keine Iteration nötig ist, da aufgrund der einfachen Gestalt der Bestimmungsgleichungen nach k_i aufgelöst werden kann. Dies soll am Fall r=3 erläutert werden:

---

1) Rosenbrock,H.H.: Some General Implicit Processes for the Numerical Solution of Differential Equations, Comput. J. 5 (1963)

2) Haines,C.F.: Implicit Integration Processes with Error Estimation of the Numerical Solution of Differential Equations, Comput. J. 12 (1969)

Die Grundgleichungen eines *3-stufigen semi-impliziten RK-Verfahrens* sind hier:

$$y_j^*=y_{j-1}^*+h(\gamma_1k_1+\gamma_2k_2+\gamma_3k_3), \qquad j=1(1)m \tag{8.50}$$

wobei

$$k_1=f(y_{j-1}^*)+\beta_{11}hJ(y_{j-1}^*)k_1$$

$$k_2=f(y_{j-1}^*+\beta_{21}hk_1)+\beta_{22}hJ(y_{j-1}^*+\gamma_{21}hk_1)k_2$$

$$k_3=f(y_{j-1}^*+\beta_{31}hk_1+\beta_{32}hk_2)+\beta_{33}hJ(y_{j-1}^*+\gamma_{31}hk_1+\gamma_{32}hk_2)k_3.$$

Dabei ist J(y) die Funktionalmatrix von f und die Parameter γ_j, β_{ij}, γ_{ij} werden wieder durch Taylorentwicklung bis zu der gewünschten Ordnung q bestimmt. Man erhält:

$$\begin{aligned}
k_1&=(I-\beta_{11}hJ(y_{j-1}^*))^{-1}f(y_{j-1}^*)\\
k_2&=(I-\beta_{22}hJ(y_{j-1}^*+\gamma_{21}hk_1))^{-1}f(y_{j-1}^*+\beta_{21}hk_1)\\
k_3&=(I-\beta_{33}hJ(y_{j-1}^*+\gamma_{31}hk_1+\gamma_{32}hk_2))^{-1}f(y_{j-1}^*+\beta_{31}hk_1+\beta_{32}hk_2).
\end{aligned} \tag{8.51}$$

Als *Beispiele* semi-impliziter Verfahren seien genannt:

a) *Die semi-implizite (3,2)-Rosenbrock-Formel:*

$$\begin{aligned}
&\beta_{11}=1+\sqrt{6}/6 \ ; \quad \gamma_1\doteq-0.41315432,\\
&\beta_{22}=1-\sqrt{6}/6 \ ; \quad \gamma_2\doteq 1.41315432,\\
&\beta_{21}=\gamma_{21}=(-6-\sqrt{6}+\sqrt{58+20\sqrt{6}})/(6+2\sqrt{6})\doteq 0.17378667,
\end{aligned} \tag{8.52}$$

(gerundet auf 8 Dezimalstellen).

b) *Die semi-implizite (2,2)-Rosenbrock-Formel:*

$$\begin{aligned}
&\beta_{11}=\beta_{22}=1-\sqrt{2}/2; \quad \beta_{21}=(\sqrt{2}-1)/2,\\
&\gamma_{21}=0; \quad \gamma_1=0; \quad \gamma_2=1
\end{aligned} \tag{8.53}$$

c) *Die semi-implizite (3,4)-Haines-Formel:*

$$\begin{aligned}
&\beta_{11}=1; \quad \beta_{22}=1; \quad \beta_{33}=1; \quad \beta_{44}=\tfrac{2}{3}\ ;\\
&\beta_{21}=1; \quad \beta_{31}=\tfrac{1}{2}; \quad \beta_{41}=\tfrac{2}{99};\\
&\gamma_{21}=1; \quad \gamma_{31}=\tfrac{1}{2}; \quad \beta_{32}=\tfrac{1}{2}\ ; \quad \beta_{42}=\tfrac{95}{99};\\
&\gamma_{32}=\tfrac{1}{2}; \quad \beta_{43}=\tfrac{2}{99}; \quad \gamma_{41}=\gamma_{42}=\gamma_{43}=0;\\
&\gamma_1=\tfrac{19}{9}; \quad \gamma_2=-\tfrac{43}{18}; \quad \gamma_3=\tfrac{28}{9}; \quad \gamma_4=-\tfrac{11}{6}.
\end{aligned} \tag{8.54}$$

d) *Die semi-implizite (3,2)-Calahan-Formel:*

$$\beta_{11}=\beta_{22}=\tfrac{1}{2}(1+\sqrt{1/3})\ ; \qquad \gamma_{21}=0$$
$$\beta_{21}=-2\sqrt{1/3}\ ; \qquad \gamma_1=\tfrac{3}{4}\ ; \quad \gamma_2=\tfrac{1}{4}\ . \tag{8.55}$$

Die Verfahren (8.52), (8.53) und (8.55) sind *A-stabil*. (8.54) ist *steif-stabil*; es hat das charakteristische Polynom $Q(\mu;H)=\mu-\mu_1$ mit

$$\mu_1 = \frac{1-\frac{8}{3}H+\frac{11}{6}H^2+\frac{1}{3}H^3}{1-\frac{11}{3}H+5H^2-3H^3+\frac{2}{3}H^4}\ .$$

8.12. Bemerkungen zur praktischen Anwendung der RK-Verfahren

Die Leistungsfähigkeit eines Verfahrens hängt weitgehend vom zu lösenden Differentialgleichungsproblem ab; daher sind Aussagen darüber, welches Verfahren "das beste" ist, beim gegenwärtigen Stand der Theorie nicht möglich und auch in Zukunft wohl nicht zu erwarten. Bei der Auswahl eines Verfahrens kann man sich daher nur auf recht allgemeine Kriterien wie Ordnung, Stabilitätsbereich, Rechenaufwand etc. stützen, sowie auf Erfahrungen, die mit den einzelnen Verfahren gemacht wurden. In den letzten Jahren wurden ausführliche Untersuchungen zur Praxis von Integrationsmethoden angestellt. Zu erwähnen ist insbesondere das an der Universität von Toronto entwickelte Programm DETEST |38|, welches einen ausgewogenen Vergleich numerischer Verfahren zur Lösung von Anfangswertproblemen ermöglicht |24|.

Bei *speziellen* Differentialgleichungsproblemen ist es oft ratsam, statt der behandelten allgemeinen Verfahren, *spezielle* Methoden zu verwenden.

Die folgenden allgemeinen Bemerkungen können bei der Auswahl eines RK-Verfahrens hilfreich sein:

- Alle *expliziten* RK-Verfahren haben einen endlichen Stabilitätsbereich H, der mit der Ordnung wächst.
- Die impliziten Gauss-Formeln (Abschnitt 8.11.1.) und drei der semi-impliziten Verfahren des Abschnitts 8.11.2. sind *A-stabil*; ihre Schrittweite h kann daher ausschließlich mit Blick auf die Genauigkeitsanforderungen gewählt werden, was für steife Differentialgleichungssysteme von Bedeutung ist. Ihre Anwendung auf andere Probleme erscheint wegen des hohen Rechenaufwands *nicht sinnvoll*.
- Wie die Praxis zeigt, löst man Probleme mit *geringen* Genauigkeitsanforderungen am besten mit Verfahren niedriger Ordnung[1].
- Verfahren höherer Ordnung sind deutlich genauer als solche niederer Ordnung, solange der Ersetzungsfehler dominiert; bei kleiner Schrittweite h kann jedoch der Rundungsfehler größer als der Ersetzungsfehler werden, die Genauigkeitsunterschiede von Verfahren verschiedener Ordnung verwischen sich dann.
- Das Rechnen mit doppelter Genauigkeit vermindert den Einfluß der Rundungsfehler und erfordert z.B. auf dem System IBM 370 nur etwa 35% mehr Rechenzeit als einfache Genauigkeit.
- Explizite RK-Verfahren der Ordnung 5 sind besser als die Verfahren der Ordnung 3 und 4, was das Verhältnis Genauigkeit zu Rechenaufwand betrifft. Tests zeigten |50|, daß das

[1] siehe hierzu S. 74/75 in Gear: Numerical initial value problems in ordinary differential equations, Prentice Hall, 1971.

Verfahren (8.25) von Butcher die geringste Rechenzeit benötigt; es hat den zweitgrößten reellen Stabilitätsbereich der vorgestellten Verfahren mit der Ordnung 5. Das Verfahren (8.28) von Lawson hat den größten reellen Stabilitätsbereich bei vergleichbarem Rechenaufwand. Das Verfahren (8.29) von Butcher mit der Ordnung 6 ist vergleichsweise aufwendiger.

- Im Vergleich zu den - im folgenden Kapitel diskutierten - Mehrschrittverfahren haben die RK-Formeln den Vorzug, keine Startprozedur zu erfordern (d.h. sie sind *selbststartend*) und den Nachteil, daß sie pro Rechenschritt mehr Funktionsauswertungen benötigen, was zu längeren Rechenzeiten führt.
- Ein Programm sollte in jedem Falle eine automatische Schrittweitensteuerung enthalten; möglichst sollte auch die Ordnung der benutzten Verfahren variabel sein. Schrittweitenänderungen lassen sich bei Einschrittverfahren erheblich leichter ausführen als bei Mehrschrittverfahren; eine Steuerung der Ordnung ist erheblich aufwendiger und bei RK-Verfahren nicht üblich.
- Der Shampine-Test des Paragraphen 8.10. erfordert minimalen zusätzlichen Rechenaufwand und schützt bei steifen Systemen in vielen Fällen vor einer Überbewertung der erzielten Genauigkeit. (Wurde nämlich das Ergebnis wegen vorhandener Steifheit in sehr vielen Rechenschritten erzielt, so können die Rundungsfehler nicht mehr vernachlässigt werden).

9. Lineare Mehrschrittverfahren

9.1. Konvergenz von linearen k-Schrittverfahren

9.1.1. In diesem Kapitel konstruieren wir lineare k-Schrittverfahren:

$$y_j^* + \alpha_{k-1} y_{j-1}^* + \ldots + \alpha_o y_{j-k}^* - h(\beta_k f_j^* + \beta_{k-1} f_{j-1}^* + \ldots + \beta_o f_{j-k}^*) = 0 \quad (9.1)$$
$$j = k(1)m$$

mit $y_j^* = \eta_j(h)$, $j=0(1)k-1$, und $h|\beta_k|L<1$, L: Lipschitzkonstante von f, und den erzeugenden Polynomen (1.7a/b):

$$\rho(\mu) = \sum_{i=o}^{k} \alpha_i \mu^i \; ; \quad \sigma(\mu) = \sum_{i=o}^{k} \beta_i \mu^i \; ; \quad \alpha_k = 1.$$

Faßt man die früheren Ergebnisse über Konsistenz (Satz 2.3.3., Seite 20) und Stabilität (Korollar 4.3.1., Seite 35) zusammen, so erhält man unter Berücksichtigung von Satz 4.4.2. (Seite 42) und Abschnitt 5.1.1. (Seite 52) den folgenden *Konvergenzsatz für lineare k-Schrittverfahren:*

9.1.2. Satz

Das lineare k-Schrittverfahren (9.1) ist konvergent, wenn gilt:

1. $|\eta_j(h) - y(x_j)| \leq \tau(h)$, $j=o(1)k-1$, mit $\lim_{h \to o} \tau(h) = 0$,
2. $\rho(1)=0$ und $\rho'(1)=\sigma(1)$,
3. keine Nullstelle von ρ ist betragsmäßig größer als 1 und die Nullstellen mit dem Betrag 1 sind einfach.

Ist außerdem

4. $y \in C^{q+2}[a,b]$, $q \geq 1$,
5. $|\eta_j(h) - y(x_j)| = \mathcal{O}(h^q)$, $j=0(1)k-1$,
6. $c_o = c_1 = \ldots = c_q = 0$; $c_{q+1} \neq 0$ (c_i gemäß (2.12), Seite 20),

so hat das Verfahren die Konvergenzordnung q und es gilt die *zweiseitige* Fehlerabschätzung:

$$C_1 \|\delta\|_h^{\hat{A}} \leq \max_{o \leq j \leq m} |y_j - y_j^*| \leq C_2 \|\delta\|_h^{\hat{A}} \quad (9.2)$$

mit $C_1=[1+D(b-a)(K_1+K_2)]^{-1}$; $h\varepsilon(0,h_1]$, $h_1DK_2<1$
$C_2=e^{(b-a)u}(1-hDK_2)^{-1}(1+hDK_1)$; $u=D(K_1+K_2)(1-hDK_2)^{-1}$
$\hat{A}$ und K_1,K_2 gemäß Seite 9; $D\geq 1$ mit $\|\hat{A}^j\|\leq D$ für alle $j\varepsilon\mathbb{N}$; $\|\cdot\|_h^{\hat{A}}$: $\hat{A}$-Norm (Seite 32); δ_j: lokaler Ersetzungsfehler (s. (2.18), Seite 23).

9.1.3. *Vereinbarung*: Bei Angabe der Konvergenzordnung q eines Verfahrens seien im folgenden stets die Bedingungen (4) und (5) vorausgesetzt.

9.2. Klassische explizite Mehrschrittverfahren

Der *klassische* Weg zur Gewinnung stabiler Mehrschrittverfahren beliebiger Konvergenzordnung besteht darin, $y'(x)=f(x,y(x))$ durch Integration auf ein Quadraturproblem zurückzuführen:

$$y(x_j)=y(x_{j-r})+\int_{x_{j-r}}^{x_j} f(x,y(x))dx; \quad r\varepsilon\mathbb{N} \qquad (9.3)$$

und das Integral für $j=k(1)m$ mit offenen oder geschlossenen Quadraturformeln von Newton-Cotes[1] auszuwerten.

Für verschiedene[2] $r\leq k$ erhält man so eine Vielzahl von k-Schrittverfahren, für r=1 und r=2 insbesondere die expliziten Mehrschrittverfahren von *Adams-Bashforth* und *Nyström* sowie die impliziten Verfahren von *Adams-Moulton* und *Milne-Simpson*; die Adams-Ver-

---

[1] Zur Erinnerung: Im Falle *offener* Newton-Cotes-Formeln wird $f(x,y(x))$ ersetzt durch das Interpolationspolynom an den Stellen $x_i, i=(j-k)(1)(j-1)$: $P_{k-1}(x)=\sum_{\ell=0}^{k-1}(-1)^\ell\binom{-u}{\ell}\nabla^\ell f_{j-1}$; $u=\frac{x-x_{j-1}}{h}$ und bei *geschlossenen* Formeln durch das Interpolationspolynom an den Stellen x_i, $i=(j-k)(1)j$: $P_k(x)=\sum_{\ell=0}^{k}(-1)^\ell\binom{-u}{\ell}\nabla^\ell f_j$; $u=\frac{x-x_j}{h}$;
mit $\nabla^0 f_j:=f_j$; $\nabla^\ell f_j=\nabla^{\ell-1}f_j-\nabla^{\ell-1}f_{j-1}$, $\ell=1(1)k$.

[2] Für r>k wäre r und nicht k die Schrittzahl des Verfahrens.

fahren werden viel benutzt. Alle diese Verfahren sind stabil, denn ihr charakteristisches Polynom $\rho(\mu)=\mu^k-\mu^{k-r}$ erfüllt das Dahlquistsche Wurzelkriterium (Seite 10).

Werten wir das Integral in (9.3) mit *offenen* Newton-Cotes-Formeln aus, und bezeichnen wir die so gewonnenen (mit einem Quadraturfehler behafteten) Näherungswerte von $y(x_j)$ wieder mit y_j^* sowie $f(x_j,y_j^*)$ mit f_j^*, so erhalten wir die folgende Klasse *expliziter* Mehrschrittverfahren:

$$y_j^*=y_{j-r}^*+h\sum_{\ell=o}^{k-1} c_\ell^*(r-1)\nabla^\ell f_{j-1}^* \quad \text{mit} \quad c_\ell^*(r):=(-1)^\ell \int_{-1}^{r} \binom{u}{\ell}du \qquad (9.4)$$

Mit Satz 9.1.2. beweist man die Konvergenz dieser Verfahren für beliebige natürliche Zahlen k und $r\leq k$; in der Praxis wird r=1 oder r=2 gewählt.

9.2.1. Die Verfahren von Adams-Bashforth

Für r=1 ergibt (9.4) die *k-Schrittverfahren von Adams-Bashforth*:

$$y_j^*=y_{j-1}^*+h(f_{j-1}^*+\frac{1}{2}\nabla f_{j-1}^*+\frac{5}{12}\nabla^2 f_{j-1}^*+\frac{3}{8}\nabla^3 f_{j-1}^*+\frac{251}{720}\nabla^4 f_{j-1}^*+\ldots+c_{k-1}^*(o)\nabla^{k-1}f_{j-1}^*);\ (9.5)$$
$$j=k(1)m$$

sie haben die *Konvergenzordnung* k.

Diese Verfahren werden in der Form (9.5) programmiert. Rechnet man sie auf die Form (9.1) um, so erhält man die folgenden Werte für die Koeffizienten α_i,β_i: $\alpha_{k-1}=-1$; $\alpha_i=o$ für $i=o(1)k-2$; $\beta_k=o$ und

k	β_{k-1}	β_{k-2}	β_{k-3}	β_{k-4}	β_{k-5}	β_{k-6}
1	1					
2	3/2	-1/				
3	23/12	-16/	5/			
4	55/24	-59/	37/	-9/		
5	1901/720	-2774/	2616/	-1274/	251/	
6	4277/1440	-7923/	9982/	-7298/	2877/	-475/

(alle Zahlen einer Zeile haben denselben Nenner).

9.2.2. Die Verfahren von Nyström

Für r=2, $k \geq 2$ ergibt (9.4) die *k-Schrittverfahren von Nyström:*

$$y_j^* = y_{j-2}^* + h(2f_{j-1}^* + \frac{1}{3}\nabla^2 f_{j-1}^* + \frac{1}{3}\nabla^3 f_{j-1}^* + \frac{29}{90}\nabla^4 f_{j-1}^* + \ldots + c_{k-1}^*(1)\nabla^{k-1} f_{j-1}^*) \quad . \quad (9.6a)$$

$$j=k(1)m$$

Sie haben die *Konvergenzordnung* k und sind nur *schwach stabil.* Für k=2 erhält man insbesondere die *midpoint-rule* mit der Ordnung 2:

$$y_j^* = y_{j-2}^* + 2hf_{j-1}^* \; ; \quad j=2(1)m. \qquad (9.6b)$$

Umrechnung auf die Form (9.1) ergibt die folgenden Koeffizienten: $\alpha_{k-1}=o$; $\alpha_{k-2}=-1$; $\alpha_i=o$ für $i=o(1)k-3$; $\beta_k=o$ sowie

k	β_{k-1}	β_{k-2}	β_{k-3}	β_{k-4}	β_{k-5}
2	2	0			
3	7/3	-2/	1/		
4	8/3	-5/	4/	-1/	
5	269/90	-266/	294/	-146/	29/

9.3. Klassische implizite Mehrschrittverfahren

Approximieren wir das Integral (9.3) mit *geschlossenen* Newton-Cotes-Formeln, so ergeben sich *implizite* Integrationsformeln der Form:

$$y_j^* = y_{j-r}^* + h\sum_{\ell=o}^{k} a_\ell^*(r)\nabla^\ell f_j^*; \quad a_\ell^*(r) = (-1)^\ell \int_o^r \binom{u}{\ell}\, du; \qquad (9.7)$$

sie konvergieren für beliebige natürliche Zahlen k und $r \leq k$. (9.7) ist eindeutig nach y_j^* auflösbar, wenn h so klein gewählt wird, daß $h|\beta_k|L<1$ ist (vgl. Seite 4); L ist hier wieder die Lipschitzkonstante von f und es gilt:

$$\beta_k := \sum_{\ell=o}^{k} a_\ell^*(r) = c_k^*(r-1). \qquad (9.8)$$

9.3.1. Die Verfahren von Adams-Moulton und Milne-Simpson

Für r=1 ergibt (9.7) die *k-Schrittverfahren* von *Adams-Moulton* mit der *Konvergenzordnung*[1] q=k+1:

$$y_j^* = y_{j-1}^* + h(f_j^* - \frac{1}{2}\nabla f_j^* - \frac{1}{12}\nabla^2 f_j^* - \frac{1}{24}\nabla^3 f_j^* - \frac{19}{720}\nabla^4 f_j^* + \ldots + a_k^*(1)\nabla^k f_j^*), \qquad (9.9)$$

$$j = k(1)m.$$

Bei Umrechnung auf die Form (9.1) erhält man die Koeffizienten: $\alpha_{k-1} = -1; \alpha_i = o$ für i=o(1)k-2 und

k	β_k	β_{k-1}	β_{k-2}	β_{k-3}	β_{k-4}	β_{k-5}
1	1/2	1/				
2	5/12	8/	-1/			
3	9/24	19/	-5/	1/		
4	251/720	646/	-264/	106/	-19/	
5	475/1440	1427/	-798/	482/	-173/	27/

Für r=2, k≥2 ergibt (9.7) die Verfahren von *Milne-Simpson*:

$$y_j^* = y_{j-2}^* + h(2f_j^* - 2\nabla f_j^* + \frac{1}{3}\nabla^2 f_j^* - \frac{1}{90}\nabla^4 f_j^* - \frac{1}{90}\nabla^5 f_j^* + \ldots + a_k^*(2)\nabla^k f_j^*), \qquad (9.10)$$

$$j = k(1)m$$

die für k≠2 die *Konvergenzordnung* (k+1) haben und *schwach stabil* sind. Für k=2 erhält man das Verfahren (1.12) mit der Ordnung 4 (vgl. Seite 6) und, beispielsweise, für k=4 die Formel:

$$y_j^* = y_{j-2}^* + \frac{h}{90}(29f_j^* + 124f_{j-1}^* + 24f_{j-2}^* + 4f_{j-3}^* - f_{j-4}^*), \quad j = 4(1)m. \qquad (9.11)$$

<u>Anmerkung:</u> Die Programmierung dieser Verfahren mit Newtonschen Differenzen hat den Vorteil, daß man sehr einfach zu Verfahren höherer oder niedrigerer Konvergenzordnung überwechseln kann. Eine sehr ausführliche Darstellung der Adams-Verfahren findet man im Buch von Shampine und Gordon[2].

---

[1] man beachte Vereinbarung 9.1.3.

[2] Shampine, Gordon: Computer solution of ordinary differential equations: The initial value problem. Freeman, San Francisco, 1975.

9.3.2. Eine Klasse steif-stabiler, linearer k-Schrittverfahren

Statt f(x,y(x)) durch ein Interpolationspolynom zu ersetzen und gemäß (9.3) zu *integrieren*, kann man y(x) auf der linken Seite von y'(x)=f(x,y(x)) durch ein Interpolationspolynom k-ten Grades an den Stellen x_i, i=j-k(1)j ersetzen und dieses *differenzieren*. Nimmt man auf der rechten Seite f(x,y(x)) an der Stelle $x=x_j$, so erhält man implizite Verfahren der Form:

$$y_j^*+\alpha_{k-1}y_{j-1}^*+\ldots+\alpha_o y_{j-k}^*=h\beta_k f_j^*, \quad j=k(1)m, \qquad (9.12)$$

mit der *Ordnung* k, die aber *nur für* $1\leq k\leq 6$ *stabil* sind.

Für k=1 ergibt sich das *implizite Euler-Verfahren:*

$$y_o^*=\eta_o;\; y_j^*-y_{j-1}^*=hf_j^*, \quad j=1(1)m,$$

und für k=2 das Verfahren:

$$y_o^*=\eta_o;\; y_1^*=\eta_1(h);\; y_j^*-\tfrac{4}{3}y_{j-1}^*+\tfrac{1}{3}y_{j-2}^*=\tfrac{2}{3}hf_j^*, \quad j=2(1)m. \qquad (9.13)$$

Beide Verfahren sind *A-stabil.*

Für k=3(1)6 findet man *steif-stabile* Verfahren mit den folgenden γ-Werten (vgl. Def. 7.2.13., Seite 73) und Koeffizienten:

k	β_k	α_o	α_1	α_2	α_3	α_4	α_5	γ
3	6/11	-2/	9/	-18/				-0,1
4	12/25	3/	-16/	36/	-48/			-0,7
5	60/137	-12/	75/	-200/	300/	-300/		-2,3
6	60/147	10/	-72/	225/	-400/	450/	-360/	-6,1

(alle Zahlen einer Zeile haben denselben Nenner; die Werte für γ sind gerundet).
Die Differentiationsformeln (9.12) mit $k\geq 7$ sind *instabil;* es gilt jedoch der folgende Satz von Jeltsch |42|:

9.3.3. Satz

Zu jedem $k\in\mathbb{N}$ und beliebigem $\gamma<0$ existiert ein steif-stabiles, lineares k-Schrittverfahren der Konvergenzordnung k.

9.3.4. Die steif-stabilen Verfahren von Cryer/Jeltsch

Jeltsch bewies Satz 9.3.3., indem er zeigte, daß die (ursprünglich von Cryer |17| eingeführten) linearen k-Schrittverfahren der Konvergenzordnung k mit

$$\sigma(\mu)=(\mu+d)^k, \quad -1<d<1 , \tag{9.14a}$$

für[1]

$$d=-1+2/(1+2^{k+i}), \quad i\in\mathbb{N}, \tag{9.14b}$$

steif-stabil sind und daß $|\gamma|$ durch hinreichend große Wahl von i beliebig klein gemacht werden kann.

Im folgenden sind die Parameter γ und α (vgl. Def. 7.2.13.) sowie die Koeffizienten α_ℓ (ℓ=0(1)k) der Verfahren (9.14a/b) mit i=1 und k=1(1)4 angegeben:

k	$10^3\gamma$	α	α_0	α_1	α_2	α_3	α_4
1	A-stabil		-2/5	2/			
2	A-stabil		30/81	-64/	34/		
3	-1,17	88,8°	-4328/14735	13536/	-14112/	4904/	
4	-3,31	86,3°	750584/3557762	-3073032/	4718592/	-3220472/	824328/

Die k-fache Nullstelle $\tilde{\mu}=-d$ von σ liegt sehr nahe bei 1, was die Verfahren mit k>3 *für den praktischen Gebrauch ungeeignet macht.*

In Paragraph 10.5. werden steif-stabile (zyklische) k-Schrittverfahren angegeben, die mit höherer Ordnung als k konvergieren.

[1] Diese Verfahren sind durch $\sigma(\mu)$ und k *eindeutig* bestimmt.

9.4. Berechnung allgemeiner linearer Mehrschrittverfahren

9.4.1. Wie Abschnitt 2.3.5. (Seite 21) zeigt, ist der lokale Ersetzungsfehler

$$T_h[y](x_j):=h^{-1}\sum_{\ell=o}^{k}\alpha_\ell y(x_{j-k}+\ell h)-\sum_{\ell=o}^{k}\beta_\ell y'(x_{j-k}+\ell h);\quad \alpha_k:=1 \tag{9.15}$$

eines linearen k-Schrittverfahrens der Konsistenzordnung $q\leq 2k$ gleich Null für Polynome P_n vom Grad $n\leq q$ und gleich $c_{q+1}h^q P_{q+1}^{(q+1)}(x_j)$ für ein Polynom P_{q+1} vom Grad $(q+1)$. Betrachten wir speziell die Polynome:

$$P_o(x)\equiv 1 \text{ und } P_n(x)=\int_o^x\binom{t}{n-1}dt,\ \binom{t}{n-1}:=\frac{t(t-1)\dots(t-n+2)}{(n-1)!} \tag{9.16}$$

$$\text{mit}\quad P_n'(\ell)=\binom{\ell}{n-1}=0 \quad\text{für}\quad n\geq 2,\quad \ell=0(1)n-2\ , \tag{9.17}$$

und setzen wir h=1, j=k und $x_o=o$, so gilt:

$$T_h[P_n](k)\ =0 \qquad \text{für } n\leq q \tag{9.18}$$

$$T_h[P_{q+1}](k)=c_{q+1} \qquad (\text{wegen } P_{q+1}^{(q+1)}(x)\equiv 1) \tag{9.19}$$

mit

$$T_h[P_n](k):=\begin{cases}\sum\limits_{\ell=o}^{k}\alpha_\ell & \text{für } n=0 \quad (a)\\ \sum\limits_{\ell=o}^{k}\ell\alpha_\ell-\sum\limits_{\ell=o}^{k}\beta_\ell & \text{für } n=1\ \ (\text{wegen } P_1(x)=x) \quad (b)\\ \sum\limits_{\ell=o}^{k}P_n(\ell)\alpha_\ell-\sum\limits_{\ell=n-1}^{k}\binom{\ell}{n-1}\beta_\ell & \text{für } n=2(1)k+1 \quad (c)\\ \sum\limits_{\ell=o}^{k}P_n(\ell)\alpha_\ell & \text{für } n\geq k+2. \quad (d)\end{cases}$$

Die beiden ersten Gleichungen von (9.18) sind die Konsistenzbedingungen $\rho(1)=0$ und $\rho'(1)-\sigma(1)=0$.

9.4.2. Das Gleichungssystem (9.18) erlaubt eine einfachere Berechnung der α_ℓ, β_ℓ als das System $c_i=0$ ($i=0(1)q$; c_i gemäß (2.12), Seite 20), weil die α_ℓ *unabhängig von den* β_ℓ bestimmt werden können. Wegen (9.17) treten die β_ℓ ($\ell=0(1)k$) nämlich *nicht* in den Gleichungen (9.18) mit $n \geq k+2$ auf. Wählt man daher die α_ℓ ($\ell=0(1)k-1$) derart, daß zunächst die Gleichungen (9.18/a,d) befriedigt sind (d.h. die Gleichungen, in denen *keines* der β_ℓ auftritt), so lassen sich anschließend die β_ℓ ($\ell=0(1)k$) *sukzessiv* ausrechnen.

Betrachten wir als *Beispiel* den Fall $k=2, q=4$. Für $n=0$ und $n=4$ ergibt (9.18) mit $P_4(x)=\frac{x^2}{24}(x-2)^2$ die Gleichungen:

$$\alpha_0+\alpha_1+1=0 \quad \text{und} \quad \frac{1}{24}\alpha_1=0$$

Sie haben die Lösung: $\alpha_1=0$ und $\alpha_0=-1$.
Die weiteren Gleichungen lauten hiermit:

$$n=1: \quad 2-\beta_0-\beta_1-\beta_2=0$$

$$n=2: \quad P_2(2)-\beta_1-2\beta_2=0\ ; \quad P_2(2)=2$$

$$n=3: \quad P_3(2)-\beta_2=0\ ; \quad P_3(2)=1/3.$$

Nacheinander findet man: $\beta_2=\frac{1}{3}$, $\beta_1=\frac{4}{3}$, $\beta_0=\frac{1}{3}$ und somit das 2-Schrittverfahren von Milne-Simpson:

$$y_j^*-y_{j-2}^*=\frac{h}{3}(f_j^*+4f_{j-1}^*+f_{j-2}^*), \quad j=2(1)m.$$

Zugleich ist gezeigt, daß dieses das *einzige* 2-Schrittverfahren der Ordnung 4 ist.

9.4.3. Wählt man die α_ℓ so, daß (9.18/a) *und das Wurzelkriterium* erfüllt sind, und berechnet man dann die β_ℓ sukzessiv aus (9.18/b,c), so erhält man *stabile* Verfahren der Konvergenzordnung $q=k+1$. Gilt außerdem noch

$$c_{k+2}=\sum_{\ell=0}^{k} P_{k+2}(\ell)\alpha_\ell=0\ , \tag{9.20}$$

so hat das Verfahren die Konvergenzordnung $(k+2)$. Nach dem

Satz 4.3.3. von Dahlquist ist das jedoch nur für *gerades* k möglich[1].

Im Paragraphen 9.5. werden wir mit den Gleichungen (9.18) *instabile* k-Schrittverfahren der Konsistenzordnung q=2k-1 berechnen.

9.4.4. Die Polynome $P_n(x)$ lauten für n=1(1)8:

$$P_1(x)=x;\ P_2(x)=\frac{x^2}{2};\ P_3(x)=\frac{x^2}{12}(2x-3);\ P_4(x)=\frac{x^2}{24}(x-2)^2$$

$$P_5(x)=\frac{x^2}{720}(6x^3-45x^2+110x-90)$$

$$P_6(x)=\frac{x^2}{1440}(x-4)(2x^3-16x^2+41x-36) \qquad (9.21)$$

$$P_7(x)=\frac{x^2}{42\cdot 1440}(12x^5-210x^4+1428x^3-4725x^2+7672x-5040)$$

$$P_8(x)=\frac{x^2}{84\cdot 1440}(x-6)(3x^5-54x^4+376x^3-1272x^2+2112x-1440)$$

Für gerades n=2p+2 gilt: $P_n(x)=P_n(2p-x)$, (9.22)

insbesondere: $P_n(o)=P_n(2p)=0$.

[1]man erkennt, daß sich dieser Satz beweisen läßt, indem man zeigt: Das Wurzelkriterium *und* Gleichung (9.20) sind nur für gerades k gleichzeitig erfüllbar (und das auch nur, wenn gilt: $\alpha_i=-\alpha_{k-i}$, i=0(1)k).

9.5. Parametrisierung linearer Mehrschrittverfahren

9.5.1. Lineare k-Schrittverfahren der Konvergenzordnung $q>k+2$ sind nach Satz 4.3.3. notwendig instabil. Nun wurde bereits früher bemerkt (s. Korollar 4.3.5., Seite 37), daß *Prädiktoren* instabil sein dürfen, und in Abschnitt 4.3.6. wurde sogar gezeigt, daß eine zyklische *Kombination instabiler Formeln* ein *stabiles* Verfahren ergeben kann. Es ist daher sinnvoll, auch *instabile*, lineare k-Schrittformeln zu betrachten. Dabei interessieren insbesondere Verfahren maximaler Konsistenzordnung. Für diese gilt der Satz:

9.5.2. Satz

Es gibt genau ein *explizites* k-Schrittverfahren der Form (9.1) mit der Konsistenzordnung $q=(2k-1)$ und genau ein *implizites* k-Schrittverfahren (9.1) mit der Konsistenzordnung $q=2k$, sowie eine r-parametrige Schar impliziter k-Schrittformeln der Konsistenzordnung $q=(2k-r)$.

Der Beweis folgt aus der Determinante des Systems $c_i=0$ $(i=0(1)q$, c_i gemäß Seite 20).

9.5.3. Diese Verfahren lassen sich mit den Ergebnissen des Paragraphen 9.4. verhältnismäßig einfach berechnen. Betrachten wir als *Beispiel* den Fall $k=3, q=5$:
Gleichung (9.18/a) lautet

$$\alpha_0 + \alpha_1 + \alpha_2 + 1 = 0 \qquad (9.23)$$

und mit $P_5(1)=\frac{-19}{720}$; $P_5(2)=\frac{-8}{720}$; $P_5(3)=\frac{-27}{720}$ erhält man für $n=5$ aus (9.18/d):

$$19\alpha_1 + 8\alpha_2 + 27 = 0. \qquad (9.24)$$

Aus (9.23/24) folgt die Parametrisierung der α_i $(i=1,2)$:

$$\alpha_1 = \frac{8}{11}\alpha_0 - \frac{19}{11} \; ; \qquad \alpha_2 = -\frac{19}{11}\alpha_0 + \frac{8}{11} \qquad (9.25a)$$

und aus (9.18/b,c) folgt mit (9.25a)

$$\beta_3=\frac{1}{33}\alpha_o+\frac{10}{33}\ ; \quad \beta_2=\frac{-8}{11}\alpha_o+\frac{19}{11}$$
$$\beta_1=\frac{-19}{11}\alpha_o+\frac{8}{11}; \quad \beta_o=\frac{-10}{33}\alpha_o-\frac{1}{33}\ . \tag{9.25b}$$

Schließlich ergibt (9.19) mit $q=5$, $P_6(1)=P_6(3)=\frac{27}{1440}$ und $P_6(2)=\frac{16}{1440}$ die Gleichung:

$$c_6=\frac{1}{1440}\ (27\alpha_1+16\alpha_2+27),$$

d.h. mit (9.25a): $c_6=-\frac{1}{180}\ (\alpha_o+1)$. (9.26)

Für beliebiges $\alpha_o \neq -1$ ergibt (9.25a/b) somit die Koeffizienten eines (instabilen) 3-Schrittverfahrens der Konsistenzordnung $q=5$; für $\alpha_o=-1$ ist $q=6$.

<u>9.5.4.</u> Völlig analog berechnet man die folgenden *Parametrisierungen von Verfahren der Konsistenzordnung* $q=(2k-1)$:

<u>k=2:</u> $\alpha_1=(-\alpha_o-1)$; $\beta_o=(-5\alpha_o-1)/12$
$\beta_1=(-2\alpha_o+2)/3$; $\beta_2=(\alpha_o+5)/12$ (9.27a)

<u>k=3:</u> $\alpha_1=(8\alpha_o-19)/11$; $\alpha_2=(-19\alpha_o+8)/11$
$\beta_o=(-10\alpha_o-1)/33$; $\beta_1=(-19\alpha_o+8)/11$ (9.27b)
$\beta_2=(-8\alpha_o+19)/11$; $\beta_3=(\alpha_o+10)/33$

<u>k=4:</u> $\alpha_1=(216\alpha_o-136)/55$; $\alpha_2=(-27\alpha_o-27)/11$
$\alpha_3=(-136\alpha_o+216)/55$; $\beta_o=(-141\alpha_o-9)/550$
$\beta_1=(-828\alpha_o+228)/275$; $\beta_2=(-108\alpha_o+108)/25$ (9.27c)
$\beta_3=(-228\alpha_o+828)/275$; $\beta_4=(9\alpha_o+141)/550$

<u>k=5:</u>

$$\alpha_1=(\ 5912\alpha_o-2213)/685 \quad ; \quad \alpha_2=(\ 2808\alpha_o-7192)/685$$
$$\alpha_3=(-7192\alpha_o+2808)/685 \quad ; \quad \alpha_4=(-2213\alpha_o+5912)/685$$
$$\beta_o=(-\ 786\alpha_o-\ 36)/3425 \quad ; \quad \beta_1=(-3108\alpha_o+\ 642)/685 \qquad (9.27d)$$
$$\beta_2=(-9144\alpha_o+5856)/685 \quad ; \quad \beta_3=(-5856\alpha_o+9144)/685$$
$$\beta_4=(-\ 642\alpha_o+3108)/685 \quad ; \quad \beta_5=(\ \ 36\alpha_o+\ 786)/3425$$

<u>k=6:</u>

$$\alpha_1=(\ 14250\alpha_o-\ 3834)/\ 959; \quad \alpha_2=(\ 27000\alpha_o-\ 24375)/\ 959$$
$$\alpha_3=(-\ 2000\alpha_o-\ 2000)/\ 137; \quad \alpha_4=(-24375\alpha_o+\ 27000)/\ 959$$
$$\alpha_5=(-\ 3834\alpha_o+14250)/\ 959; \quad \beta_o=(-\ 1420\alpha_o-50)/6713$$
$$\beta_1=(-42300\alpha_o+\ 7020)/6713; \quad \beta_2=(-209250\alpha_o+\ 99000)/6713$$
$$\beta_3=(-\ 2000\alpha_o+\ 2000)/\ \ 49; \quad \beta_4=(-99000\alpha_o+209250)/6713$$
$$\beta_5=(-\ 7020\alpha_o+42300)/6713; \quad \beta_6=(50\alpha_o+1420)/6713. \qquad (9.27e)$$

Diese Parametrisierungen illustrieren das folgende Lemma, dessen praktischer Nutzen schon in Abschnitt 5.2.3. (Seite 56) deutlich wurde:

<u>9.5.5.</u> <u>Lemma</u>

Für die Fehlerkonstante c_{2k} eines linearen k-Schrittverfahrens der Konsistenzordnung q=2k-1 gilt:

$$c_{2k}=a(\alpha_o+1) \ ; \quad a=\text{const.} \qquad (9.28)$$

Für lineare k-Schrittverfahren der Konsistenzordnung q=2k gilt: $(\alpha_\ell+\alpha_{k-\ell})=0,\ \ell=0(1)\left[\frac{k}{2}\right],\ \alpha_k:=1.$ (9.29)

<u>9.5.6.</u> <u>Beweis.</u> Das Gleichungssystem (9.18/a,d):

$$\sum_{\ell=o}^{k}\alpha_\ell=0; \ \sum_{\ell=o}^{k}P_n(\ell)\alpha_\ell=0, \quad n=(k+2)(1)(2k-1); \quad \alpha_k:=1 \qquad (9.30a)$$

mit α_o als *Parameter* hat nach Satz 9.5.2. eine *eindeutige* Lösung $\alpha_\ell(\ell=1(1)k-1)$, wobei die α_ℓ lineare Funktionen von α_o sind; daher gilt wegen (9.19): $c_{2k}(\alpha_o)=\sum_{\ell=o}^{k}P_{2k}(\ell)\alpha_\ell=a(\alpha_o-b)$, a,b: const.

Der Parameterwert $\alpha_o=b$ ergibt sich eindeutig aus dem System (9.30a), ergänzt durch die Gleichung $c_{2k}=0$, d.h.

$$\sum_{\ell=o}^{k} P_n(\ell)\alpha_\ell=0, \quad n=2k. \tag{9.30b}$$

Wir betrachten nun die erste der Gleichungen (9.30a) und die Gleichungen (9.30a/b) mit *geradem* $n=2p+2$, *in denen wir* $P_n(x)$ *durch* $Q_n(x):=P_n(x)+P_n(x+2p-k)$ *ersetzen*; das ist erlaubt, denn wegen $P_n'(\ell+2p-k)=0$ für $\ell=0(1)k$ gelten die Gleichungen (9.18/d) auch für $Q_n(x)$. Aus (9.22) folgt: $Q_n(\ell)=Q_n(k-\ell)$, daher haben α_ℓ und $\alpha_{k-\ell}$ ($\ell=0(1)k$) jetzt dieselben Koeffizienten. Führen wir daher die neuen Variablen $u_\ell:=(\alpha_\ell+\alpha_{k-\ell})$, $\ell=0(1)\left[\frac{k}{2}\right]$, ein, so erhalten wir ein *homogenes* System in u_ℓ mit von Null verschiedener Determinante (weil die α_ℓ *eindeutig* bestimmt sind). Daher gilt: $u_\ell=0$, $\ell=0(1)\left[\frac{k}{2}\right]$, insbesondere also $\alpha_o+1=0$, d.h. $b=-1$.

9.6. Die Konsistenzordnung von P-C-Verfahren

9.6.1. Aus Korollar 4.3.5. (Seite 37) folgt, daß die Stabilität eines P-C-Verfahrens nur vom Korrektor abhängt. Das könnte uns veranlassen, instabile Formeln der maximalen Konsistenzordnung (2k-1) als Prädiktoren zu verwenden. Die folgenden Betrachtungen zeigen jedoch, daß die Konsistenzordnung eines $P(EC)^sE$-Verfahrens hierdurch nicht erhöht werden kann, weil sie durch die Konsistenzordnung des Korrektors begrenzt ist. Es gilt nämlich:

9.6.2. Satz

Für hinreichend oft differenzierbares f seien $\hat{q}$ bzw. q die Konsistenzordnungen des Prädiktors bzw. Korrektors. Dann haben die $P(EC)^sE$- und $P(EC)^s$-Verfahren die Konsistenzordnung:

$$q_s=\min(q,\hat{q}+s) \qquad (9.31)$$

9.6.3. Beweis. Prädiktor und Korrektor lauten in der Normalform (1.15) (Seite 7):

$$z_j^*=A_0z_{j-1}^*+h\phi_0(x_{j-1},z_{j-1}^*;h)$$
$$z_j^*=A_1z_{j-1}^*+h\phi_1(x_{j-1},z_{j-1}^*,z_j^*;h).$$

Seien $\delta_j^{(o)}$ und $\delta_j^{(c)}$ ihre lokalen Ersetzungsfehler, so gilt (mit z_j gemäß Abschnitt 2.4.1., Seite 22):

$$z_j=A_0z_{j-1}+h\phi_0(x_{j-1},z_{j-1};h)+h\delta_j^{(o)} \qquad (9.32)$$
$$z_j=A_1z_{j-1}+h\phi_1(x_{j-1},z_{j-1},z_j;h)+h\delta_j^{(c)}. \qquad (9.33)$$

Bezeichnen wir den lokalen Ersetzungsfehler des PECE-Verfahrens mit $\delta_j^{(1)}$, so gilt:

$$z_j=A_1z_{j-1}+h\phi_1(x_{j-1},z_{j-1},z_j^{(o)};h)+h\delta_j^{(1)} \qquad (9.34)$$

wobei $z_j^{(o)}:=A_0z_{j-1}+h\phi_0(x_{j-1},z_{j-1};h)$

$$=z_j-h\delta_j^{(o)} \quad \text{wegen (9.32).} \qquad (9.35)$$

Subtraktion von (9.33) und (9.34) ergibt:

$$\delta_j^{(1)}=\delta_j^{(c)}+\phi_1(x_{j-1},z_{j-1},z_j;h)-\phi_1(x_{j-1},z_{j-1},z_j^{(o)};h)$$

$$=\delta_j^{(c)}+(z_j-z_j^{(o)})\Theta(x_{j-1},z_{j-1},\zeta_1;h) \text{ mit } \Theta=\frac{\partial}{\partial v}\,\phi_1(x,u,v;h).$$

Aus (9.35) folgt:

$$\delta_j^{(1)}=\delta_j^{(c)}+h\delta_j^{(o)}\Theta(x_{j-1},z_{j-1},\zeta_1;h).$$

Damit ist Satz 9.6.2. für s=1 bewiesen. Ganz ähnlich zeigt man: Für den lokalen Ersetzungsfehler $\delta_j^{(i)}$ eines $P(EC)^iE$- oder $P(EC)^i$-Verfahrens gilt:

$$\delta_j^{(i)}=\delta_j^{(c)}+h\delta_j^{(i-1)}\Theta(x_{j-1},z_{j-1},\zeta_i;h), \tag{9.36}$$

d.h. $\delta_j^{(i)}$ hat die Ordnung $\min(q,\hat{q}+i)$. Damit ist der Satz bewiesen.
Aus (9.36) ergibt sich das Korollar:

9.6.4. Korollar

Im Falle $\hat{q}=q$ gilt: $\delta_j^{(s)}=\delta_j^{(c)}+\mathcal{O}(h^{q+1})$.

9.6.5. Die Konsistenzordnung eines P-C-Verfahrens ist nach Satz 9.6.2. von der Anzahl s der Korrektorschritte unabhängig, wenn die Ordnung des Prädiktors höchstens um 1 geringer ist als die des Korrektors; in diesem Fall kann s klein gewählt werden, in der Praxis wählt man s=1 oder s=2. Der im Vergleich zu expliziten Verfahren höhere Rechenaufwand bei P-C-Verfahren wird i.allg. durch größere Genauigkeit kompensiert.

9.7. Stabilitätsbereiche von P-C-Verfahren

9.7.1. $P(EC)^sE$-Verfahren benötigen pro Rechenschritt (s+1) Auswertungen von f, $P(EC)^s$-Verfahren nur s Auswertungen. Da die Rechenzeit i.allg. durch die Anzahl der Funktionsauswertungen bestimmt wird, erfordert daher ein PECE-Verfahren etwa doppelt soviel Rechenzeit, wie ein PEC-Verfahren. Da sie bei gleichem Prädiktor und Korrektor (nach Satz 9.6.2) dieselbe Ordnung haben, folgt: Ein PEC-Verfahren *mit der Schrittweite h/2* ist i.allg. genauer als ein PECE-Verfahren *mit der Schrittweite h, bei etwa gleichem Rechenaufwand.*

Dieser Vorteil wird jedoch dadurch erkauft, daß ein $P(EC)^s$-Verfahren einen kleineren Stabilitätsbereich hat als das $P(EC)^sE$-Verfahren mit gleichem Prädiktor, Korrektor und s.

9.7.2. Beispiel (Krogh |45|; Klopfenstein und Millman |44|). Mit dem Adams-Bashforth-Prädiktor der Ordnung 4 und dem Adams-Moulton-Korrektor der Ordnung 4 lautet der PECE-Algorithmus:

$$\begin{aligned}\hat{y}^*_j &= y^*_{j-1}+\frac{h}{24}\,(55f^*_{j-1}-59f^*_{j-2}+37f^*_{j-3}-9f^*_{j-4})\\ y^*_j &= y^*_{j-1}+\frac{h}{24}\,(9\hat{f}^*_j+19f^*_{j-1}-5f^*_{j-2}+f^*_{j-3})\end{aligned} \qquad (9.37a)$$

und der PEC-Algorithmus

$$\begin{aligned}\hat{y}^*_j &= y^*_{j-1}+\frac{h}{24}\,(55\hat{f}^*_{j-1}-59\hat{f}^*_{j-2}+37\hat{f}^*_{j-3}-9\hat{f}^*_{j-4})\\ y^*_j &= y^*_{j-1}+\frac{h}{24}\,(9\hat{f}^*_j+19\hat{f}^*_{j-1}-5\hat{f}^*_{j-2}+\hat{f}^*_{j-3}).\end{aligned} \qquad (9.37b)$$

Für (9.37a) ergibt sich ein charakteristisches Polynom 4. Ordnung:

$$Q(\mu;H)=\mu^4-(1+\tfrac{7}{6}H+\tfrac{55}{64}H^2)\mu^3+(\tfrac{5}{24}H+\tfrac{59}{64}H^2)\mu^2-(\tfrac{H}{24}+\tfrac{37}{64}H^2)\mu+\tfrac{9}{64}H^2 \ ,$$

und für (9.37b) ein Polynom 8. Ordnung:

$$Q(\mu;H)=\left(\mu^5-(1+\tfrac{8}{3}H)\mu^4+\tfrac{95}{24}H\mu^3-\tfrac{91}{24}H\mu^2+\tfrac{15}{8}H\mu-\tfrac{3}{8}H\right)\mu^3.$$

Die Stabilitätsbereiche haben die in Abb. 9.1. dargestellte Gestalt:

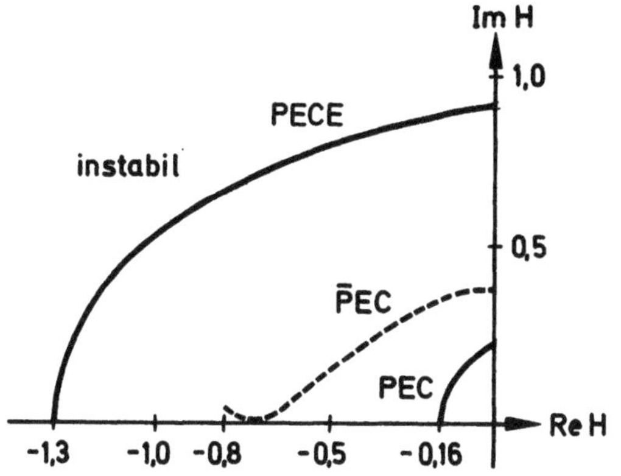

Abb. 9.1.

Kombiniert man den Adams-Moulton-Korrektor des obigen Beispiels mit einem *anderen Prädiktor*, so lassen sich u.U. größere Stabilitätsbereiche erzielen. Mit dem folgenden Prädiktor $\bar{P}$, beispielsweise, hat das $\bar{P}$EC-Verfahren die in Abb. 9.1. *gebrochen* gezeichnete Stabilitätsgrenze:

$$\hat{y}_j^* = -0,29y_{j-1}^* - 15,39y_{j-2}^* + 12,13y_{j-3}^* + 4,55y_{j-4}^* +$$
$$+ h(2,27\hat{f}_{j-1}^* + 6,65\hat{f}_{j-2}^* + 13,91\hat{f}_{j-3}^* + 0,69\hat{f}_{j-4}^*).$$

Man kann zeigen[1]: Zu jedem k-Schritt-P(EC)^s-Verfahren mit dem Stabilitätsbereich $\mathbb{H}$ existiert ein 2k-Schritt-P(EC)$^{s-1}$E-Verfahren mit *demselben* $\mathbb{H}$.

9.7.3. Das charakteristische Polynom - und damit auch der Stabilitätsbereich - eines P-C-Verfahrens mit dem Prädiktor $\hat{M}(\hat{\rho},\hat{\sigma})$ und dem Korrektor $M(\rho,\sigma)$ hängt nicht nur von $\hat{M}$ und M, sondern auch noch von der Anzahl s der Korrektorschritte ab. Es gilt der Satz[2]:

---

[1] Lambert: Predictor-corrector methods with identical regions of stability, SIAM J. Num. Anal. 8, 337-344 (1971)

[2] siehe z.B. S. 326 in H. Stetter: Analysis of discretization methods for ordinary differential equations, Springer Tracts, Vol. 23, 1973.

9.7.4. Satz

Haben Prädiktor und Korrektor dieselbe Schrittzahl[1] k, so gilt für das charakteristische Polynom eines $P(EC)^sE$-Verfahrens:

$$Q_s(\mu;H)=(\hat{\rho}(\mu)-H\hat{\sigma}(\mu))(\beta_k H)^s+(\rho(\mu)-H\sigma(\mu))\sum_{\ell=o}^{s-1}(\beta_k H)^\ell . \quad (9.38)$$

Für ein $P(EC)^s$-Verfahren gilt:

$$Q_s(\mu;H)= (\hat{\rho}(\mu)\sigma(\mu)-\rho(\mu)\hat{\sigma}(\mu))H(\beta_k H)^{s-1}+\mu^k(\rho(\mu)-H\sigma(\mu))\sum_{\ell=o}^{s-1}(\beta_k H)^\ell . \quad (9.39)$$

9.7.5. Man erkennt aus (9.38/39): Sind $\mu_i^{(s)}(H)$ die Nullstellen von $Q_s(\mu;H)$ und $\mu_i(H)$ die Nullstellen des charakteristischen Polynoms $Q(\mu)=\rho(\mu)-H\sigma(\mu)$ des Korrektors, so gilt nur dann

$$\lim_{s\to\infty} \mu_i^{(s)}(H)=\mu_i(H), \quad i=1(1)k$$

$$\lim_{s\to\infty} \mu_i^{(s)}(H)=0 \quad , \quad i=k+1(1)2k \quad \text{(zusätzlich bei } P(EC)^s\text{-Verfahren)}$$

wenn $|\beta_k H|<1$ ist. Das heißt: Selbst wenn unendlich oft mit dem Korrektor iteriert wird, braucht der Stabilitätsbereich des P-C-Verfahrens *nicht* mit dem Stabilitätsbereich $\mathbb{H}$ des Korrektors identisch zu sein, vielmehr gilt:

9.7.6. Satz

Der Stabilitätsbereich eines $P(EC)^sE$- oder $P(EC)^s$-Verfahrens ist für $s\to\infty$ nur dann mit dem Stabilitätsbereich $\mathbb{H}$ des Korrektors identisch, wenn

$$\mathbb{H} \subseteq \{H:|\beta_k H|<1\}. \quad (9.40)$$

[1] das ist durch Umindizierung stets erreichbar; die auf Seite 3 getroffene Vereinbarung teilerfremder ρ und σ (bzw. $\hat{\rho}$ und $\hat{\sigma}$) sei hier aufgehoben. Man beachte, daß ρ und $\hat{\rho}$ *stets* den führenden Koeffizienten 1 haben.

9.7.7. Es scheint, daß die Stabilitätsbereiche von P-C-Verfahren stets im Inneren der Kreisscheibe $\{H: |\beta_k H|<1\}$ liegen[1], größere Stabilitätsbereiche des Korrektors wären dann für das Stabilitätsverhalten *eines P-C-Verfahrens* bedeutungslos; das gilt natürlich nur für P-C-Verfahren und nicht für den Fall, daß der Korrektor statt durch P-C-Iteration auf andere Weise (etwa mit dem Newton-Verfahren) nach y_j^* aufgelöst wird.

Andererseits kann der Stabilitätsbereich eines P-C-Verfahrens bei geeignet gewähltem Prädiktor *größer* sein als der des Korrektors. Betrachten wir hierzu das folgende *Beispiel*[2]:

Der schwach stabile Korrektor: $y_j^*=y_{j-2}^*+\frac{h}{3}(f_j^*+4f_{j-1}^*+f_{j-2}^*)$ hat einen *leeren* Stabilitätsbereich (vgl. Abschnitt 7.3.3., Seite 76). Das PECE-Verfahren mit diesem Korrektor und dem folgenden, *instabilen* Prädiktor

$$y_j^*=-4y_{j-1}^*+5y_{j-2}^*+h(4f_{j-1}^*+2f_{j-2}^*)$$

hat das charakteristische Polynom

$$Q(\mu;H)=\mu^2-\frac{4}{3}H^2\mu-(1+2H+\frac{2}{3}H^2)$$

und den reellen Stabilitätsbereich: $-1<H<0$.

---

[1] ein Beweis hierfür oder Untersuchungen, wann diese Aussage nicht gilt, sind dem Autor nicht bekannt.

[2] Krogh: A test for instability in the numerical solution of ordinary differential equations, J. ACM 14, 350-362 (1967)

9.8. Abschätzung des lokalen Fehlers bei P-C-Verfahren

9.8.1. Der lokale Ersetzungsfehler δ_j wird nicht nur in der Fehlerformel (9.2) benötigt, seine Kenntnis ist vor allem für eine sinnvolle Schrittweitensteuerung von Bedeutung. δ_j läßt sich nur dann *genau* bestimmen, wenn y bekannt ist; eine Abschätzung über die partiellen Ableitungen von f führt - soweit sich diese überhaupt berechnen lassen - in aller Regel *nicht* zu brauchbaren Ergebnissen. Es ist jedoch möglich, wenigstens den *Term niedrigster Ordnung in h* von δ_j zu berechnen, und zwar - in ganz ähnlicher Weise wie in Paragraph 8.9. (Seite 96) bei den RK-Verfahren - aus der Differenz zweier Näherungen $\hat{y}_j^*$ und y_j^*, die mit *zwei* verschiedenen Mehrschrittverfahren gewonnen werden.

Bei einem P-C-Verfahren kann dabei $\hat{y}_j^*$ gleich der Prädiktornäherung gewählt werden und y_j^* gleich der Näherung nach $s\geq 1$ Korrektorschritten. In diesem Fall erfordert die Abschätzung praktisch *keinen zusätzlichen Rechenaufwand*.

9.8.2. Dazu setzen wir voraus:

(1) Es ist $y\in\mathbb{C}^{q+2}[a,b]$;

(2) der Korrektor $M(\rho,\sigma)$ ist stabil und seine Konsistenzordnung ist gleich der des Prädiktors $\hat{M}(\hat{\rho},\hat{\sigma})$, d.h. $q=\hat{q}$;

(3) für die Wurzeln μ_i, $i=1(1)r$, von ρ *mit dem Betrag* 1 gilt $\hat{\rho}(\mu_i)=0$;

(4) die Startwerte des Verfahrens haben im Falle $r=1$ die Ordnung q, anderenfalls $(q+1)$;

(5) für die Fehlerkonstanten c_{q+1} und $\hat{c}_{q+1}$ gilt: $c_{q+1}\neq\hat{c}_{q+1}$.

Anmerkung: Mit (2) folgt aus Korollar 9.6.4., Seite 127, daß für den lokalen Ersetzungsfehler $\delta_j\in\mathbb{R}^k$ des $P(EC)^sE$- oder $P(EC)^s$-Verfahrens gilt:

$$\delta_j=c_{q+1}y^{(q+1)}(x_j)h^q t+\mathcal{O}(h^{q+1});\quad t:=(0,\ldots,0,1)^T\in\mathbb{R}^k.$$

9.8.3. Satz

Unter den Voraussetzungen 9.8.2. gilt für den lokalen Ersetzungsfehler δ_j des $P(EC)^sE$- oder $P(EC)^s$-Verfahrens ($s \geq 1$):

$$\delta_j = d_j^* t + \mathcal{O}(h^{q+1}) \quad \text{mit} \quad d_j^* = \frac{h^{-1} c_{q+1}}{(\hat{c}_{q+1} - c_{q+1})} (y_j^* - \hat{y}_j^*) \qquad (9.41)$$

Den Beweis findet man bei Henrici[1], S. 256ff und - unter weniger restriktiven Voraussetzungen - bei Stetter[2], Seite 295f. Stetter (S. 297) behandelt auch Möglichkeiten zur Abschätzung des *globalen* Ersetzungsfehlers[3].

9.8.4. Beispiel. Der Prädiktor sei die midpoint-rule (9.6b):

$$y_j^* = y_{j-2}^* + 2hf_{j-1}^* \quad \text{mit} \quad \hat{q}=2, \ \hat{c}_{q+1} = \frac{1}{3} ,$$

der Korrektor die Sehnentrapezregel:

$$y_j^* = y_{j-1}^* + \frac{h}{2}(f_j^* + f_{j-1}^*) \quad \text{mit} \quad q=2, \ c_{q+1} = -\frac{1}{12} , \ \rho(\mu) = \mu - 1.$$

Für $y \in \mathbf{C}^4[a,b]$ haben die hierdurch gegebenen $P(EC)^sE$- und $P(EC)^s$-Verfahren den lokalen Ersetzungsfehler (9.41) mit $d_j^* = -\frac{1}{5h}(y_j^* - \hat{y}_j^*)$.

Wie bereits bei den RK-Verfahren erläutert (Abschnitt 8.8.4.), wird nach Vorgabe eines Toleranzintervalls $I(\varepsilon) = [\varepsilon_1, \varepsilon_2]$ die Schrittweite h verkleinert (bzw. vergrößert), wenn $|d_j^*| > \varepsilon_2$ (bzw. $|d_j^*| < \varepsilon_1$) ausfällt.

---

[1] P. Henrici: Discrete variable methods in ordinary differential equations, J. Wiley, 1962.

[2] H. Stetter: Analysis of discretization methods for ordinary differential equations, Springer Tracts, Vol. 23, 1973.

[3] Man beachte auch C.W. Gear: Estimation of errors and derivatives in ordinary differential equations, IFIP-Kongreßberichte, 1974.

9.9. Die Richardson-Extrapolation

9.9.1. Die mit einem Ein- oder Mehrschrittverfahren M gewonnenen Näherungen y_j^* der Lösung y(x) von (1.1) an der Stelle x_j hängen natürlich von der Schrittweite h ab; im folgenden betrachten wir $y_j^* =: y^*(x_j;h)$ *als Funktion von h und behandeln x_j als Parameter.*

Hat M die Konvergenzordnung p, so gilt:

$$y^*(x_j;h) = y(x_j) + \mathcal{O}(h^p). \tag{9.42}$$

Für gewisse Verfahren läßt sich nun das weitergehende Ergebnis

$$y^*(x_j;h) = y(x_j) + \sum_{i=1}^{r} \tau_i(x_j)h^{pi} + \mathcal{O}(h^{pr+1}) \tag{9.43}$$

beweisen, das einen tieferen Einblick in die Struktur des Fehlers $y^*(x_j;h)-y(x_j)$ gibt als (9.42). In einem solchen Fall kann man für eine Folge von Diskretisierungen $h_\ell = \frac{h}{n_\ell}$, $n_\ell \in \mathbb{N}$, $\ell = 0(1)r$, die "vorläufigen" Näherungen $\hat{y}^*(x_j;h_\ell)$ an der Stelle x_j berechnen und dann eine neue, "endgültige" Näherung y_j^* aus dem Gleichungssystem:

$$\hat{y}^*(x_j;h_\ell) = y_j^* + \sum_{i=1}^{r} \tau_i(x_j)h_\ell^{pi}, \quad \ell = 0(1)r \tag{9.44}$$

durch Elimination der τ_i gewinnen. y_j^* ist dann eine Linearkombination von Näherungen $\hat{y}^*(x_j;h_\ell)$, $\ell = 0(1)r$, der Ordnung p, hat aber selbst die Ordnung (pr+1), denn wegen (9.43) gilt:

$$y_j^* = y(x_j) + \mathcal{O}(h^{pr+1}). \tag{9.45}$$

9.9.2. Wie (9.44) zeigt, ist dieser Prozeß identisch mit der Berechnung von $P_r(o)$, wobei $P_r(h^p)$ das Interpolationspolynom durch die Punkte $(h_\ell^p|\hat{y}^*(x_j;h_\ell))$, $\ell = 0(1)r$, ist (vgl. Abb. 9.2.); y_j^* läßt sich daher sehr einfach mit dem *Neville-Algorithmus* berechnen.

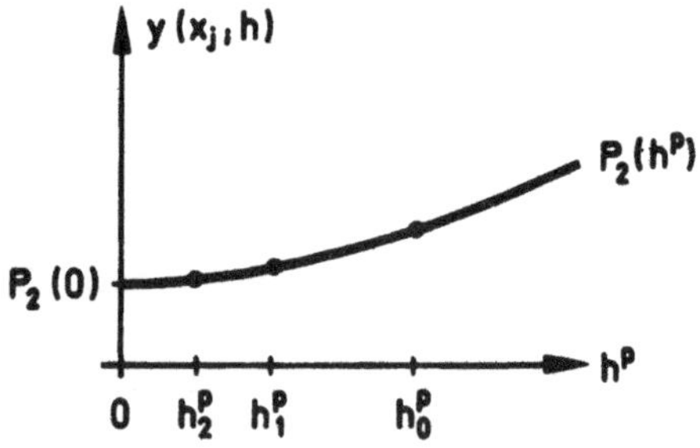

Abb. 9.2.

Statt mit Polynomen zu interpolieren, schlugen Bulirsch und Stoer[1] die Verwendung *rationaler Funktionen* vor, basierend auf einem Algorithmus von Stoer. Die Praxis zeigt, daß sich damit i.allg. genauere Ergebnisse erzielen lassen, eine theoretische Begründung hierfür scheint es nicht zu geben. Der Algorithmus von Bulirsch und Stoer benutzt das Integrationsverfahren (9.49) von Gragg und zählt zu den besten Verfahren zur numerischen Behandlung allgemeiner Anfangswertaufgaben der Form (1.1).

9.9.3. Das Verfahren von Gragg erlaubt eine Entwicklung der Form (9.43) mit p=2; wir betrachten daher den Neville- bzw. Stoer-Algorithmus für den Fall einer *Interpolation in* h^2.

(a) *Der Algorithmus von Neville.* Sei $P_k(h^2)$ ein Polynom vom Grad k in h^2 mit $P_k(h_\ell^2)=\hat{y}^*(x_j;h_\ell)$, $\ell=i(1)i+k\leq r$.

Dann lassen sich die Werte $T_k^{(i)}:=P_k(0)$ wie folgt *rekursiv* berechnen:

$$T_0^{(\ell)}:=\hat{y}^*(x_j;h_\ell);\quad \ell=0(1)r,$$

$$T_k^{(i)}=T_{k-1}^{(i+1)}+\left[\left(\frac{h_i}{h_{i+k}}\right)^2-1\right]^{-1}\cdot(T_{k-1}^{(i+1)}-T_{k-1}^{(i)});\quad k+i\leq r. \tag{9.46}$$

(b) *Der Algorithmus von Stoer.* Sei $R_k(h^2)=\frac{P(h^2)}{Q(h^2)}$ eine rationale Funktion mit Grad $P=\left[\frac{k}{2}\right]$ und Grad $Q=\left[\frac{k+1}{2}\right]$ mit

$$R_k(h_\ell^2)=\hat{y}^*(x_j;h_\ell),\quad \ell=i(1)i+k\leq r.$$

Dann ergeben sich die Werte $T_k^{(i)}:=R_k(0)$ wie folgt rekursiv:

$$T_{-1}^{(\ell)}:=0\ ;\quad T_0^{(\ell)}:=\hat{y}^*(x_j;h_\ell),\quad \ell=0(1)r$$

$$T_k^{(i)}=T_{k-1}^{(i+1)}+\left[\left(\frac{h_i}{h_{i+k}}\right)^2\cdot\left(1-\frac{T_{k-1}^{(i+1)}-T_{k-1}^{(i)}}{T_{k-1}^{(i+1)}-T_{k-2}^{(i+1)}}\right)-1\right]^{-1}\cdot(T_{k-1}^{(i+1)}-T_{k-1}^{(i)});\quad i+k\leq r \tag{9.47}$$

---

[1] R. Bulirsch, J. Stoer: Numerical treatment of ordinary differential equations by extrapolation methods, Numer. Math. 8 (1966)

In beiden Fällen ist es üblich, die $T_k^{(i)}$ im nebenstehenden Tableau anzuordnen, das nach jeder Berechnung eines neuen Wertes $T_o^{(\ell)}$ um die *Diagonale* mit den Werten $T_k^{(i)}$, $k+i=\ell\leq r$, erweitert wird. (Im Rechner braucht dabei nur die jeweils letzte Diagonale gespeichert zu werden).

$$\begin{array}{c|ccccc}
h_o^2 & T_o^{(o)} & T_1^{(o)} & T_2^{(o)} & \cdots & T_k^{(o)} \\
h_1^2 & T_o^{(1)} & T_1^{(1)} & \vdots & \iddots & \\
h_2^2 & T_o^{(2)} & \vdots & \vdots & & \\
\vdots & \vdots & \vdots & \vdots & & \\
h_{k-2}^2 & T_o^{(k-2)} & T_1^{(k-2)} & T_2^{(k-2)} & & \\
h_{k-1}^2 & T_o^{(k-1)} & T_1^{(k-1)} & & & \\
h_k^2 & T_o^{(k)} & & & &
\end{array} \qquad (9.48)$$

9.9.4. Die Idee der Konvergenzbeschleunigung durch Extrapolation stammt von Richardson[1], man spricht deshalb von "*Richardson-Extrapolation* mit Polynomen bzw. rationalen Funktionen".

---

1) L.F. Richardson: The approximate arithmetical solution by finite differences of physical problems involving differential equations, Philos. Trans. Roy. Soc. London, Ser A, 210 (1910)

9.10. Der Extrapolationsalgorithmus von Gragg-Bulirsch-Stoer

9.10.1. Die folgende *modifizierte midpoint-rule* (vgl. (9.6b), Seite 115) stammt von Gragg:

$$\eta_0^*=\eta_0;\ \eta_1^*=\eta_0^*+\hat{h}f(\hat{x}_0,\eta_0^*);\quad \hat{x}_j=\hat{x}_0+j\hat{h}$$

$$\eta_j^*=\eta_{j-2}^*+2\hat{h}f(\hat{x}_{j-1},\eta_{j-1}^*),\quad j=2(1)n,\quad n\text{: gerade}$$

$$\hat{y}_n^*=\tfrac{1}{2}[\eta_n^*+\eta_{n-1}^*+\hat{h}f(\hat{x}_n,\eta_n^*)]. \qquad (9.49)$$

Sie besteht aus einer einfachen Startprozedur mit dem Eulerverfahren, (n-1) Schritten mit der midpoint-rule und einer abschließenden Mittelung. Gragg zeigte[1], daß für die so gewonnenen Werte eine Reihenentwicklung der Form (9.43) mit p=2 existiert:

9.10.2. Satz

Sei $\hat{y}_n^*=y^*(\hat{x}_n;\hat{h})$ mit dem Verfahren (9.49) berechnet. Dann gilt für $y\in C^{2s+1}[a,b]$ die folgende Reihenentwicklung mit $r\leq s$:

$$y^*(\hat{x}_n;\hat{h})=y(\hat{x}_n)+\sum_{i=1}^{r}\tau_i(\hat{x}_n)\hat{h}^{2i}+\mathcal{O}(\hat{h}^{2r+1}). \qquad (9.50)$$

9.10.3. Der Extrapolationsalgorithmus zur Berechnung der (endgültigen) Näherungen y_j^* wird *sukzessiv* über jedes der "Grundintervalle" $[x_{j-1},x_{j-1}+h]$, j=1(1)m, ausgeführt, wobei die vorläufigen Näherungen aus (9.49) mit $\hat{x}_0=x_{j-1},\eta_0=y_{j-1}^*$ und den Schrittweiten

$$\hat{h}_\ell=\frac{h}{n_\ell}\ \text{mit}^{2)}\qquad n_\ell=2,4,6,8,12,16,24,\ldots \qquad (9.51)$$
$$\ell=0,1,2,\ldots,r,$$

berechnet werden.

---

[1] W.B. Gragg: Repeated extrapolation to the limit in the numerical solution of ordinary differential equations, Ph.D. Thesis, UCLA 1963.

[2] nach Bulirsch und Stoer; $n_0=2$; $n_{2i-1}=2\cdot 2^i$; $n_{2i}=3\cdot 2^i$, i=1,2,...

Im j-ten Intervall $[x_{j-1},x_{j-1}+h]$ wird das Verfahren (9.49) somit (r+1)-mal mit den Schrittweiten (9.51) angewandt, wobei sich (r+1) vorläufige Näherungen $\hat{y}^*(x_j;h_\ell)$, $\ell=0(1)r$, für y(x) an der Stelle $x_j=x_{j-1}+h$ ergeben. Aus ihnen berechnet man mit dem Neville- oder Stoer-Algorithmus den endgültigen Näherungswert y_j^* und startet den Prozeß dann neu im nachfolgenden Intervall $[x_j,x_j+h]$ mit $\hat{x}_0=x_j$ und dem Startwert $\eta_0=y_j^*$.

9.10.4. Die Zahl r ist theoretisch (nach Satz 9.10.2.) nur durch die Differenzierbarkeit von y begrenzt; die numerische Praxis hat aber gezeigt, daß sich (für hinreichend oft differenzierbares y) die besten Ergebnisse mit r=6 ergeben. Man wählt die "globale Schrittweite" h daher nicht fest, sondern steuert sie so, daß eine vorgegebene Genauigkeit mit r=6 gerade erreicht wird. Das läßt sich ohne nennenswerten, zusätzlichen Rechenaufwand wie folgt erreichen:

Nach jeder Erweiterung des Tableaus (9.48) um eine Diagonale wird $d_k:=|T_k^{(o)}-T_{k-1}^{(1)}|/|T_k^{(o)}|$[1] berechnet. d_k ist ein Maß für die Größe des lokalen Fehlers und wird mit einer vorgegebenen (nicht zu kleinen!) Genauigkeitsschranke $\varepsilon>0$ verglichen.

(a) Ist $d_k<\varepsilon$ für ein $k\leq 6$, so wird $y_j^*=T_k^{(o)}$ gesetzt und im Falle $k<6$ die globale Schrittweite h im nächsten Intervall *vergrößert*, wobei man sich an der Zahl k orientiert.

(b) Ist $d_k>\varepsilon$ für $k=6$, so berechnet man die weiteren Diagonalen im Tableau nur bis $T_6^{(i-6)}$, i=7,8,..., und testet, ob $\bar{d}_i<\varepsilon$ mit $\bar{d}_i:=|T_6^{(i-6)}-T_5^{(i-5)}|/|T_6^{(i-6)}|$. Fällt dieser Test weiterhin negativ aus, so ist h zu groß und es besteht die Gefahr, daß eine Akkumulation der Rundungsfehler das Ergebnis verzerrt. Bei $\bar{d}_8>\varepsilon$ oder $\bar{d}_9>\varepsilon$ wird der Extrapolationsprozeß daher ohne Berechnung von y_j^* abgebrochen und mit *kleinerem* h im Intervall $[x_{j-1},x_{j-1}+h]$ *neu gestartet*.

---

[1] für sehr kleines $|T_k^{(o)}|$ (Vorzeichenwechsel der Lösung!) ist d_k zu modifizieren.

Auf diese Weise werden die Gitterpunkte x_j vom Algorithmus automatisch gewählt, in Abhängigkeit der Besonderheiten des Differentialgleichungsproblems sowie der Genauigkeitsschranke. Dieses ist der Grund für das ausgezeichnete Funktionieren des Extrapolationsalgorithmus.

10. Lineare zyklische Verfahren

In diesem Kapitel betrachten wir zyklische Verfahren, deren Theorie zum Teil schon in Kapitel 5 behandelt wurde; wir können uns daher hier auf Ergänzungen und praktische Gesichtspunkte beschränken.

10.1. Konvergenz zyklischer Verfahren

10.1.1. In Abschnitt 1.5.6. wurde gezeigt, daß sich lineare M-zyklische k-Schrittverfahren in der Form

$$z_o^*=\zeta_o(h);\quad Lz_j^*=Uz_{j-1}^*+h\phi(x_{j-1},z_{j-1}^*,z_j^*;h),\quad j=1(1)p \qquad (10.1)$$

darstellen lassen mit (s,s)-Matrizen L und U, $\det L\neq 0$ und[1]

$$\begin{aligned} s&:=\max(M,k)\\ \zeta_o(h)&:=(0,\ldots,0,\eta_o,\eta_1(h),\ldots,\eta_{k-1}(h))^T\in\mathbb{R}^s \qquad (10.2)\\ z_j^*&:=(y_{Mj+k-s}^*,y_{Mj+k-s+1}^*,\ldots,y_{Mj+k-1}^*)^T\in\mathbb{R}^s\ . \end{aligned}$$

Man beachte hierzu die Beispiele in 1.5.5. und 1.5.9., Seite 11/12.

Durch Multiplikation mit L^{-1} geht (10.1) über in die Normalform (1.15):

$$z_o^*=\zeta_o(h);\quad z_j^*=\hat{A}z_{j-1}^*+h\hat{\phi}(x_{j-1},z_{j-1}^*,z_j^*;h),\quad j=1(1)p, \qquad (10.3)$$

mit $\hat{A}=L^{-1}U$, $\hat{\phi}=L^{-1}\phi$.

Damit läßt sich unsere Theorie der $\hat{A}$-Verfahren auf zyklische Verfahren anwenden, was zu der in Kapitel 5 dargestellten, weitgehend neuen theoretischen Begründung der linearen zyklischen Verfahren führte. Das wichtigste Ergebnis ist im folgenden *Konvergenzsatz* zusammengefaßt (vgl. Satz 4.5.3., Seite 45, und seine Verallgemeinerungen sowie Korollar 4.5.7., Seite 47 und Satz 5.2.2., Seite 55):

[1] Die Wahl von s, $\zeta_o(h)$ und z_j^* gemäß (10.2) ist nicht die einzig mögliche; hierauf wird in Abschnitt 10.7.1. näher eingegangen.

10.1.2. Satz

Das lineare M-zyklische k-Schrittverfahren (10.3) mit (nicht notwendig stabilen) Stufen der Konsistenzordnung $q^{(r)}$ $(r=1(1)M)$ konvergiert für alle $y\in C^{q+2}[a,b]$ mit der Ordnung $q:=\min_{1\leq r\leq M} q^{(r)}$, wenn gilt:

(1) $|\eta_j(h)-y(x_j)| = \mathcal{O}(h^q)$, $j=0(1)k-1$,

(2) kein Eigenwert von $\hat{A}$ ist betragsmäßig größer als 1 und zu Eigenwerten vom Betrag 1 gehören *lineare* Elementarteiler.

Es konvergiert mit der Ordnung $(q+1)$, wenn gilt:

(1*) $|\eta_j(h)-y(x_j)| = \mathcal{O}(h^{q+1})$, $j=0(1)k-1$; (10.4)

(2*) für die Eigenwerte μ_i, $i=1(1)s$, von $\hat{A}$ gilt: $\mu_i=1$ $(i=1(1)m<s)$, $|\mu_i|<1$ $(i=m+1(1)s)$, und zum m-fachen Eigenwert 1 gehören *lineare* Elementarteiler;

(3*) $\mathrm{Rang}(L-U,c)=s-m$ (10.5)

mit $c:=(0,\ldots,0,c_{q+1}^{(1)},\ldots,c_{q+1}^{(M)})^T\in\mathbb{R}^s$, (10.6)

$$c_{q+1}^{(r)}:=\begin{cases}\text{Fehlerkonstante der } r\text{-ten Stufe, falls } q^{(r)}=q\\ 0,\quad \text{falls } q^{(r)}>q,\quad r=1(1)M.\end{cases}$$

Das Verfahren konvergiert auch dann mit der Ordnung $(q+1)$, wenn die Voraussetzungen (1*) und (2) erfüllt sind und wenn zusätzlich gilt: $\left|\sum_{\ell=1}^{j} y^{(q+1)}(x_\ell)\right|\leq C$ für alle $jh\leq(b-a)$ mit einer von h unabhängigen Konstanten C. Dieses Ergebnis ist jedoch nur für *primitive* zyklische Verfahren von Interesse (vgl. Seite 47), die wir im folgenden wegen ihrer geringen praktischen Bedeutung nicht behandeln werden.

10.1.3. *Beispiele* für Satz 10.1.2. wurden für den Fall m=1 bereits in den Abschnitten 5.3.1., 5.3.2. und 5.4.5. gegeben. Als Beispiel für m>1 betrachten wir das folgende 3-zyklische 3-Schrittverfahren:

$$y^*_{3j} = y^*_{3j-1} + \frac{h}{12}(23f^*_{3j-1} - 16f^*_{3j-2} + 5f^*_{3j-3}) \qquad (10.7a)$$

$$y^*_{3j+1} = y^*_{3j-2} + \frac{3h}{8}(f^*_{3j+1} + 3f^*_{3j} + 3f^*_{3j-1} + f^*_{3j-2}) \qquad j=1(1)p. \qquad (10.7b)$$

$$y^*_{3j+2} = y^*_{3j-1} + \frac{3h}{8}(f^*_{3j+2} + 3f^*_{3j+1} + 3f^*_{3j} + f^*_{3j-1}) \qquad (10.7c)$$

mit Startwerten $y^*_o = \eta_o$, $y^*_1 = \eta_1(h)$, $y^*_2 = \eta_2(h)$ der *Ordnung 4*.

Mit

$$\zeta_o(h) = \begin{pmatrix} \eta_o \\ \eta_1(h) \\ \eta_2(h) \end{pmatrix} \; ; \quad z^*_j = \begin{pmatrix} y^*_{3j} \\ y^*_{3j+1} \\ y^*_{3j+2} \end{pmatrix} \; ; \quad \hat{A} = \begin{pmatrix} 0 & 0 & 1 \\ 0 & 1 & 0 \\ 0 & 0 & 1 \end{pmatrix}$$

geht (10.7a-c) über in die Normalform (10.3). Die erste Stufe hat die Konsistenzordnung 3, die beiden anderen die Ordnung 4; die Konsistenzordnung des Verfahrens ist somit q=3, und es ist $c = (c_4^{(1)}, 0, 0)^T$. Die Matrix $\hat{A}$ hat die Eigenwerte $\mu_1 = \mu_2 = 1$, $\mu_3 = 0$ und nur lineare Elementarteiler. Außerdem ist

$$\mathrm{Rang}(L-U,c) = \mathrm{Rang}(I-\hat{A},c) \qquad (\text{wegen } L=I)$$

$$= \mathrm{Rang}\begin{pmatrix} 1 & 0 & -1 & c_4^{(1)} \\ 0 & 0 & 0 & 0 \\ 0 & 0 & 0 & 0 \end{pmatrix} = 1 \, .$$

Nach Satz 10.1.2. konvergiert das Verfahren daher für alle $y \in \mathbf{C}^5[a,b]$ mit der Ordnung (q+1)=4.

10.1.4. Ein M-zyklisches k-Schrittverfahren läßt sich noch auf eine andere als in Abschnitt 1.5.6. dargestellte Weise auf die Normalform für $\hat{A}$-Verfahren zurückführen. Dazu definieren wir s - abweichend von der bisherigen Praxis - durch $s := \max_{1 \le r \le M}(M, k_r)$, wobei k_r die Schrittzahl der r-ten Stufe ist[1], und stellen jede der M Stufen des Verfahrens als $\hat{A}$-Verfahren dar. Man erhält dann für j=1(1)p:

$$\begin{array}{l} w^*_{Mj-M+1} = A^{(1)} w^*_{Mj-M} + h\hat{\phi}^{(1)} \\ w^*_{Mj-M+2} = A^{(2)} w^*_{Mj-M+1} + h\hat{\phi}^{(2)} \\ \cdots\cdots\cdots\cdots \\ w^*_{Mj} = A^{(M)} w^*_{Mj-1} + h\hat{\phi}^{(M)} \end{array} \quad ; \quad w^*_\ell := \begin{pmatrix} y^*_{\ell+k-s} \\ y^*_{\ell+k-s+1} \\ \vdots \\ y^*_{\ell+k-1} \end{pmatrix} \in \mathbb{R}^s, \qquad (10.8a)$$

wobei die $A^{(r)}$ (r=1(1)M) (s,s)-Frobeniusmatrizen sind und die $\hat{\phi}^{(r)}$ die Form (1.17b) haben (vgl. Seite 9).

Substitution der $w^*_{Mj-\ell}$, $\ell=1(1)M-1$, ergibt mit $z^*_j := w^*_{Mj}$ die Normalform:

$$z^*_j = \hat{A} z^*_{j-1} + h\hat{\phi}(x_{j-1}, z^*_{j-1}, z^*_j; h) \qquad (10.8b)$$

mit
$$\hat{A} = A^{(M)} A^{(M-1)} \cdots A^{(1)}. \qquad (10.9)$$

Diese *Produktdarstellung* von $\hat{A}$ beleuchtet den Zusammenhang zwischen der Matrix $\hat{A}$ des Gesamtverfahrens und den Matrizen $A^{(r)}$ seiner Stufen und zeigt deutlicher als die äquivalente Darstellung $\hat{A}=L^{-1}U$, warum ein zyklisches Verfahren stabil sein kann, auch wenn seine Stufen instabil sind.

Der lokale Ersetzungsfehler *der r-ten Stufe* lautet gemäß (2.18), Seite 23:

$$\delta^{(r)}_j = h^q y^{(q+1)}(x_j) t^{(r)} + \mathcal{O}(h^{q+1}) \quad \text{mit} \quad t^{(r)} := \begin{pmatrix} 0 \\ \vdots \\ 0 \\ c^{(r)}_{q+1} \end{pmatrix} \in \mathbb{R}^s$$

---

[1] Man beachte, daß (für r>1) $k_r > k$ sein kann (s. Beispiel auf S. 145).

und aus dem obigen Substitutionsvorgang folgt für den lokalen Ersetzungsfehler δ_j von (10.8b):

$$\delta_j = h^q y^{(q+1)}(x_j)t + \mathcal{O}(h^{q+1}) \tag{10.10a}$$

mit $$t = t^{(M)} + A^{(M)}t^{(M-1)} + A^{(M)}A^{(M-1)}t^{(M-2)} + \ldots + A^{(M)} \ldots A^{(2)}t^{(1)}. \tag{10.10b}$$

(10.10b) zeigt die Abhängigkeit des Vektors t von den Vektoren $t^{(r)}$ der Stufen, die bei der Darstellung $t = L^{-1}c$ nicht erkennbar ist.

10.1.5. In Abschnitt 1.5.8. wurde bereits angemerkt, daß ein lineares M-zyklisches k-Schrittverfahren auf M *verschiedene* Verfahren

$$z_j^* = \hat{A}_i z_{j-1}^* + h\hat{\phi}_i(x_{j-1}, z_{j-1}^*, z_j^*; h), \qquad i = 1(1)M \tag{10.11}$$

führt, je nachdem mit welcher Stufe man den Zyklus beginnt. Im folgenden beweisen wir, daß Stabilität und Ordnungsbedingung invariant gegen *zyklische* Vertauschung der Stufen sind; es genügt daher, die Bedingungen (2) bzw. (2^*) und (3^*) von Satz 10.1.2. für *eines* der M Verfahren (10.11) nachzuprüfen.

10.1.6. Satz

Ist ein M-zyklisches k-Schrittverfahren stabil und erfüllt es die Ordnungsbedingung (10.5), so gilt das auch für jede zyklische Umordnung seiner Stufen.

10.1.7. Beweis. Das Verfahren

$$z_j^* = \hat{A}_1 z_{j-1}^* + h\hat{\phi}_1(x_{j-1}, z_{j-1}^*, z_j^*; h) \tag{10.12}$$

mit $$\hat{A}_1 = A^{(1)}A^{(M)}A^{(M-1)} \ldots A^{(2)} \tag{10.13}$$

und dem lokalen Ersetzungsfehler $\delta_j = h^q y^{(q+1)}(x_j)t_1 + \mathcal{O}(h^{q+1})$

mit $t_1 = t^{(1)} + A^{(1)}t^{(M)} + A^{(1)}A^{(M)}t^{(M-1)} + \ldots + A^{(1)}A^{(M)} \ldots A^{(3)}t^{(2)}$

sei aus (10.8b) durch die Permutation $\begin{pmatrix} 1 & 2 & \ldots & M \\ M & 1 & \ldots & M-1 \end{pmatrix}$ der Stufen entstanden; der Satz ist für *alle* zyklischen Umordnungen bewiesen, wenn er für diese bewiesen wird.

Aus der Produktdarstellung (10.13) von $\hat{A}_1$ folgt unmittelbar: Erfüllt $\hat{A}$ die Voraussetzungen (2) und (2^*) von Satz 10.1.2., so auch $\hat{A}_1$.

Zum Beweis der Invarianz der Ordnungsbedingung (10.5) schreiben wir diese in der ursprünglichen Form (vgl. (4.17a)*, Seite 46):

$$p_i^T t=0, \quad p_i^T \hat{A}=p_i^T, \quad p_i \neq \mathcal{O} \text{ linear unabh.}, \quad i=1(1)m. \tag{10.14}$$

Es existieren m linear unabhängige Links-Eigenvektoren $\hat{p}_i$ von $\hat{A}_1$:

$$\hat{p}_i^T \hat{A}_1 = \hat{p}_i^T , \tag{10.15}$$

und es ist zu zeigen: $\hat{p}_i^T t_1 = 0 \quad (i=1(1)m)$. (10.16)

Multipliziert man (10.15) von rechts mit $A^{(1)}$, so folgt aus $\hat{A}_1 A^{(1)}=A^{(1)}\hat{A}$: $(\hat{p}_i^T A^{(1)})\hat{A}=\hat{p}_i^T A^{(1)} \neq \mathcal{O}$,

d.h. die $(\hat{p}_i^T A^{(1)})$ sind Links-Eigenvektoren von $\hat{A}$, daher gilt gemäß (10.14): $\hat{p}_i^T A^{(1)} t=0$. Die Behauptung (10.16) folgt hiermit aus $t_1=A^{(1)}t+(I-\hat{A}_1)t^{(1)}$.

<u>10.1.8.</u> <u>Anmerkungen:</u> (1) Für $k_r=k\leq M$ $(r=1(1)M)$ bewirkt die Umordnung der Stufen lediglich eine Permutation der Zeilen und Spalten von L-U sowie der Elemente von c, die Invarianz von (10.5) gegen zyklische Vertauschungen ist daher unmittelbar ersichtlich. Man betrachte aber (als Übung) das Beispiel 1.5.9., Seite 12, um zu erkennen, daß die Situation für k>M komplizierter ist.

(2) Man beachte, daß sich k durch Umordnung der Stufen ändern kann. Das folgende 3-zyklische 2-Schrittverfahren, beispielsweise, wird durch zyklische Umordnung zu einem 3-zyklischen 3- bzw. 4-Schrittverfahren:

$$y^*_{3j-1}+\alpha_1^{(1)}y^*_{3j-2}+\alpha_0^{(1)}y^*_{3j-3} = h(\beta_2^{(1)}f^*_{3j-1}+\beta_1^{(1)}f^*_{3j-2}+\beta_0^{(1)}f^*_{3j-3})$$

$$y^*_{3j}+\alpha_2^{(2)}y^*_{3j-1}+\alpha_1^{(2)}y^*_{3j-2}+\alpha_0^{(2)}y^*_{3j-3} = h(\beta_3^{(2)}f^*_{3j}+\ldots+\beta_0^{(2)}f^*_{3j-3})$$

$$y^*_{3j+1}+\alpha_3^{(3)}y^*_{3j}+\alpha_2^{(3)}y^*_{3j-1}+\alpha_1^{(3)}y^*_{3j-2}+\alpha_0^{(3)}y^*_{3j-3} = h(\beta_4^{(3)}f^*_{3j+1}+\ldots+\beta_0^{(3)}f^*_{3j-3}),$$

$$j=1(1)m.$$

Satz 10.1.6. gilt auch für diese Fälle.

10.2. Zur Konstruktion zyklischer Verfahren hoher Konvergenzordnung

10.2.1. Obwohl lineare zyklische Verfahren *keinen größeren Rechenaufwand* erfordern als lineare Mehrschrittverfahren, können sie eine wesentlich höhere Ordnung haben, weil die "Dahlquistbarriere" (vgl. Seite 36) für sie nicht gilt.

Das *Prinzip* der Konstruktion M-zyklischer k-Schrittverfahren möglichst hoher Ordnung besteht nun in folgendem:

a) Für ein (noch zu spezifizierendes) $q \in \mathbb{N}$ berechnet man nach Paragraph 9.5. die allgemeine lineare k-Schrittformel der Konsistenzordnung q. Sie enthält (2k-q) freie Parameter und ist i.allg. instabil.

b) Mit M derart parametrisierten Stufen bildet man ein M-zyklisches k-Schrittverfahren der Form (10.1) und bestimmt dessen M(2k-q) freie Parameter derart, daß das Verfahren stabil ist und - falls möglich - auch noch der Ordnungsbedingung Rang(L-U,c)=s-m genügt.

Die Stabilitätsforderung ist insbesondere dann erfüllt, wenn für die Eigenwerte μ_i, i=1(1)s, von $\hat{A}=L^{-1}U$ gilt:

$$\mu_1=1, \quad |\mu_i|<1, \quad i=2(1)s; \quad s:=\max(M,k). \qquad (10.17)$$

Wegen der Konsistenz der Stufen ist $\mu_1=1$ stets Eigenwert von $\hat{A}$; schreibt man die restlichen Eigenwerte (und damit das charakteristische Polynom $P(\mu)=\det(\mu L-U)$ von $\hat{A}$) vor, so ergeben sich (s-1) nichtlineare Gleichungen für die M(2k-q) freien Parameter und die Ordnungsbedingung (mit m=1) liefert eine weitere nichtlineare Gleichung.

10.2.2. Allgemeine Sätze über die Existenz von Lösungen dieses nichtlinearen Systems scheinen noch nicht bekannt zu sein[1]. Basierend auf der *Arbeitshypothese*, daß eine Lösung existiert, wenn wenigstens ebensoviele Parameter wie Gleichungen verfügbar sind, wählen wir die Zahl q zunächst als größte ganze Zahl mit $M(2k-q)\geq s-1$ und nehmen an, daß im Falle $M(2k-q)=s-1$ die Stabilitätsbedingungen (10.17) erfüllbar sind und im Falle $M(2k-q)>s-1$ auch noch die Ordnungsbedingung $\text{Rang}(L-U,c)=s-1$.

Läßt sich bei so gewähltem q mit den $M(2k-q)$ freien Parametern kein stabiles Verfahren mit Stufen der Konsistenzordnung q finden, so wiederholen wir den beschriebenen Konstruktionsprozeß mit $(q-1)$, d.h. wir gehen aus von einem M-zyklischen k-Schrittverfahren der Konsistenzordnung $(q-1)$. Dieses enthält $M(2k-q)+M$ freie Parameter und erlaubt zumeist die Erfüllung der Stabilitäts- und Ordnungsbedingungen.

10.2.3. Als *Beispiel* betrachten wir den Fall $M=2,k=5$. Für $q=8$ gilt $M(2k-q)=s-1=4$, so daß wir gemäß obiger Hypothese die Existenz eines stabilen 2-zyklischen 5-Schrittverfahrens der *Konvergenzordnung 8* annehmen dürfen.

a) Das 2-zyklische 5-Schrittverfahren

$$\begin{aligned} y^*_{2j} &= -\sum_{\ell=0}^{4} \alpha_\ell^{(1)} y^*_{2j-5+\ell} + h\sum_{\ell=0}^{5} \beta_\ell^{(1)} f^*_{2j-5+\ell} \\ y^*_{2j+1} &= -\sum_{\ell=0}^{4} \alpha_\ell^{(2)} y^*_{2j-4+\ell} + h\sum_{\ell=0}^{5} \beta_\ell^{(2)} f^*_{2j-4+\ell} \end{aligned} \qquad (10.18)$$

hat die Konsistenzordnung $q=8$, wenn seine Koeffizienten wie folgt parametrisiert sind:

---

[1] Wie H. Stetter schon 1973 auf der IFIP-Konferenz in Dundee anmerkte, ist der in |78|, Seite 228, genannte Existenzsatz für den Spezialfall $k=M,q=2k-1$ unvollständig.

$$\alpha_2 = \frac{1}{955}(-4357-11232\alpha_o+1755\alpha_1)\;;\quad \beta_1=\frac{1}{9550}(-693-17568\alpha_o-2985\alpha_1)$$

$$\alpha_3 = \frac{1}{191}(-351+1024\alpha_o-351\alpha_1)\;;\quad \beta_2=\frac{1}{4775}(8256+23256\alpha_o-10080\alpha_1)$$

$$\alpha_4 = \frac{1}{5}(27+27\alpha_o-5\alpha_1)\;;\quad \beta_3=\frac{1}{4775}(31176+46176\alpha_o-10080\alpha_1)$$

$$\beta_4=\frac{1}{9550}(33687+16812\alpha_o-2985\alpha_1)$$

$$\beta_o=\frac{1}{1910}(9-516\alpha_o+9\alpha_1)\;;\quad \beta_5=\frac{1}{9550}(2337-288\alpha_o+45\alpha_1). \tag{10.19}$$

Die freien Parameter $\alpha_o^{(1)},\alpha_1^{(1)},\alpha_o^{(2)},\alpha_1^{(2)}$ werden so bestimmt, daß (10.18) stabil ist. (Wäre $M(2k-q)>4$, so würde man auch noch versuchen, durch Erfüllung der Ordnungsbedingung die Konvergenzordnung $q+1=9$ zu erreichen).

b) Die Eigenwerte μ_i der zu (10.18) gehörigen Matrix $\hat{A}=L^{-1}U$ sind die Nullstellen des Polynoms

$$\begin{aligned}P(\mu):=\det(\mu L-U)=\mu^5&+(\alpha_3^{(1)}+\alpha_3^{(2)}-\alpha_4^{(1)}\alpha_4^{(2)})\mu^4+\\ &+(\alpha_1^{(1)}+\alpha_1^{(2)}+\alpha_3^{(1)}\alpha_3^{(2)}-\alpha_2^{(1)}\alpha_4^{(2)}-\alpha_4^{(1)}\alpha_2^{(2)})\mu^3+\\ &+(\alpha_3^{(1)}\alpha_1^{(2)}+\alpha_1^{(1)}\alpha_3^{(2)}-\alpha_o^{(1)}\alpha_4^{(2)}-\alpha_4^{(1)}\alpha_o^{(2)}-\alpha_2^{(1)}\alpha_2^{(2)})\mu^2+\\ &+(\alpha_1^{(1)}\alpha_1^{(2)}-\alpha_o^{(1)}\alpha_2^{(2)}-\alpha_2^{(1)}\alpha_o^{(2)})\mu-\alpha_o^{(1)}\alpha_o^{(2)}\;.\end{aligned} \tag{10.20}$$

Die Stabilitätsforderung (10.17) ist erfüllt, wenn die freien Parameter *beispielsweise* so gewählt werden können, daß gilt:

$$P(\mu) = \mu^4(\mu-1)\;. \tag{10.21}$$

Man erhält in diesem Fall das folgende Gleichungssystem, in dem die $\alpha_i^{(r)}$ ($i=2,3,4$; $r=1,2$) gemäß (10.19) von $\alpha_o^{(r)},\alpha_1^{(r)}$ ($r=1,2$) abhängen:

$$\alpha_3^{(1)}+\alpha_3^{(2)}-\alpha_4^{(1)}\alpha_4^{(2)} = -1$$

$$\alpha_1^{(1)}+\alpha_1^{(2)}+\alpha_3^{(1)}\alpha_3^{(2)}-\alpha_2^{(1)}\alpha_4^{(2)}-\alpha_4^{(1)}\alpha_2^{(2)} = 0$$

$$\alpha_3^{(1)}\alpha_1^{(2)}+\alpha_1^{(1)}\alpha_3^{(2)}-\alpha_o^{(1)}\alpha_4^{(2)}-\alpha_4^{(1)}\alpha_o^{(2)}-\alpha_2^{(1)}\alpha_2^{(2)} = 0$$

$$\alpha_1^{(1)}\alpha_1^{(2)}-\alpha_o^{(1)}\alpha_2^{(2)}-\alpha_2^{(1)}\alpha_o^{(2)} = 0$$

($\alpha_o^{(1)}\alpha_o^{(2)}= 0$ ist automatisch erfüllt, da $\mu_1=1$ Nullstelle von (10.20) ist). Es zeigt sich, daß dieses System eine Lösung hat; man findet (gerundet auf 4 Dezimalstellen):

$$\alpha_o^{(1)} = 0 \quad ; \quad \alpha_o^{(2)} = -1{,}6220$$
$$\alpha_1^{(1)} = 1{,}7439 \; ; \quad \alpha_1^{(2)} = 1{,}2625 \qquad (10.22)$$

Die restlichen Parameter des Verfahrens (10.18) ergeben sich hiermit aus der Parametrisierung (10.19).

10.2.4. Hinweis: Die Rundung der Werte (10.22) verändert nur die Lage der von 1 verschiedenen Nullstellen von $P(\mu)$; solange diese aber betragsmäßig kleiner als 1 bleiben, wird das Verfahren (10.18) dadurch nicht beeinträchtigt! Wenn keine Ordnungsbedingung zu erfüllen ist, kann man deshalb stets Verfahren mit *rationalen* Koeffizienten konstruieren.

Im obigen Beispiel hat das durch Rundung veränderte Polynom $P(\mu)$ die Nullstellen $\mu_1=1$, $\mu_2=0, \mu_3=-0{,}026$; $\mu_{4,5}=0{,}013 \pm i\, 0{,}031$.

10.3. Zyklische k-Schrittverfahren maximaler Konvergenzordnung

10.3.1. k-zyklische k-Schrittverfahren der Konvergenzordnung 2k

Auf gleiche Weise wie in Beispiel 10.2.3. lassen sich durch zyklische Kombination von Stufen mit der Konsistenzordnung q=(2k-1) k-zyklische k-Schrittverfahren der *maximalen Konvergenzordnung 2k* konstruieren.
In diesem Fall enthält jede Stufe einen freien Parameter (dieser sei α_o) und die restlichen Parameter hängen gemäß der Parametrisierung 9.5.4. (Seite 123) von α_o ab. Die insgesamt k freien Parameter $\alpha_o^{(r)}$, r=1(1)k, werden so gewählt, daß

1. für die Nullstellen μ_i des Polynoms $P(\mu)=\det(\mu L-U)$ gilt:

$$\mu_1=1; \quad |\mu_i|<1, \quad i=2(1)k \tag{10.23}$$

(wegen der Konsistenz der Stufen ist $\mu_1=1$ von selbst erfüllt);

2. $\text{Rang}(L-U,c)=k-1 \quad (c\varepsilon\mathbb{R}^k$ gemäß (10.6)). (10.24)

Nach Paragraph 5.2. hat $P(\mu)$ die Form (vgl. S. 55):

$$P(\mu)=\det\begin{pmatrix} \mu+\alpha_o^{(1)} & \alpha_1^{(1)} & \cdots & \alpha_{k-2}^{(1)} & \alpha_{k-1}^{(1)} \\ \mu\alpha_{k-1}^{(2)} & \mu+\alpha_o^{(2)} & \cdots & \alpha_{k-3}^{(2)} & \alpha_{k-2}^{(2)} \\ \cdot & \cdot & \cdot & \cdot & \cdot \\ \mu\alpha_2^{(k-1)} & \mu\alpha_3^{(k-1)} & \cdots & \mu+\alpha_o^{(k-1)} & \alpha_1^{(k-1)} \\ \mu\alpha_1^{(k)} & \mu\alpha_2^{(k)} & \cdots & \mu\alpha_{k-1}^{(k)} & \mu+\alpha_o^{(k)} \end{pmatrix} \tag{10.25}$$

und die Ordnungsbedingung (10.24) lautet im hier behandelten Spezialfall k=M, q=2k-1 (vgl. S. 56):

$$\det \begin{pmatrix} 1+\alpha_o^{(1)} & \alpha_1^{(1)} & \dots & \alpha_{k-2}^{(1)} & (1+\alpha_o^{(1)}) \\ \alpha_{k-1}^{(2)} & 1+\alpha_o^{(2)} & \dots & \alpha_{k-3}^{(2)} & (1+\alpha_o^{(2)}) \\ \dots & \dots & \dots & \dots & \dots \\ \alpha_2^{(k-1)} & \alpha_3^{(k-1)} & \dots & 1+\alpha_o^{(k-1)} & (1+\alpha_o^{(k-1)}) \\ \alpha_1^{(k)} & \alpha_2^{(k)} & \dots & \alpha_{k-1}^{(k)} & (1+\alpha_o^{(k)}) \end{pmatrix} = 0 . \quad (10.26)$$

Je nach Wahl der Nullstellen μ_i, $i=2(1)k$, ergeben die Forderungen (10.23) und (10.26) verschiedene, nichtlineare Gleichungssysteme für die freien Parameter $\alpha_o^{(r)}$, $r=1(1)k$, wobei zu beachten ist, daß nicht für jede Wahl eine Lösung existiert. Für festes k läßt sich im Einzelfall die Existenz von Lösungen in Abhängigkeit von den μ_i untersuchen, *allgemeine* Sätze über die zulässige Wahl der μ_i sind jedoch noch nicht bekannt.

10.3.2. Die Verfahren von Donelson und Hansen

Für die Fälle k=2,3 und 4 berechneten Donelson und Hansen |21| - auf andere Weise als hier beschrieben - die durch folgende Parameterwerte definierten Verfahren mit der *Konvergenzordnung 2k:*

M=k	Konvergenz-ordnung[1]	$\alpha_o^{(1)}$	$\alpha_o^{(2)}$	$\alpha_o^{(3)}$	$\alpha_o^{(4)}$	
2	4	-1	0			(10.27a)
3	6	0	$\frac{136}{125}$	$-\frac{283}{58}$		(10.27b)
4	8	0	$\frac{4603}{6903}$	$-\frac{3455657}{5876493}$	$\frac{1972}{767}$	(10.27c)

Die restlichen Koeffizienten der Stufen berechnen sich aus der Parametrisierung (9.27a-c), Seite 123; das Verfahren (10.27b), beispielsweise, ist in (4.9a-c), Seite 38, in vollständiger Form angegeben.

---

1) $y \in C^{2k+1}[a,b]$ und Startwerte der Ordnung 2k vorausgesetzt.

In |21| wurde bereits auf das schlechte numerische Verhalten des Verfahrens (10.27c) hingewiesen; wie nähere Untersuchungen zeigen[1], ist das auf einen extrem kleinen Stabilitätsbereich zurückzuführen. Es ist daher sinnvoll, k-zyklische k-Schrittverfahren *geringerer* Konvergenzordnung - z.B. der Ordnung (2k-1) oder (2k-2) - zu betrachten und zu versuchen, mittels der freien Parameter ihren Stabilitätsbereich zu optimieren. Hierauf kommen wir in Paragraph 10.5. zurück; zunächst noch einige Bemerkungen und Beispiele zum Fall M=k-1.

10.3.3. (k-1)-zyklische k-Schrittverfahren der Konvergenzordnung (2k-1)

Verzichtet man auf die Erfüllung der Ordnungsbedingung (10.26), so kann man erwarten, daß sich stabile zyklische k-Schrittverfahren der Konvergenzordnung (2k-1) schon mit M=k-1 Stufen finden lassen. Betrachten wir als Beispiel den Fall *2-zyklischer 3-Schrittverfahren der Konvergenzordnung 5*:

$$\begin{aligned}
&y^*_{2j+1}+\alpha_2^{(1)}y^*_{2j}+\alpha_1^{(1)}y^*_{2j-1}+\alpha_o^{(1)}y^*_{2j-2}=h(\beta_3^{(1)}f^*_{2j+1}+\ldots+\beta_o^{(1)}f^*_{2j-2})\\
&y^*_{2j+2}+\alpha_2^{(2)}y^*_{2j+1}+\alpha_1^{(2)}y^*_{2j}+\alpha_o^{(2)}y^*_{2j-1}=h(\beta_3^{(2)}f^*_{2j+2}+\ldots+\beta_o^{(2)}f^*_{2j-1})\qquad(10.28)\\
&y^*_o=\eta_o;\quad y^*_1=\eta_1(h);\quad y^*_2=\eta_2(h)\qquad j=1(1)p.
\end{aligned}$$

(10.28) hat mit der Parametrisierung (9.27b), Seite 123, die Konsistenzordnung q=2k-1=5.

Es ist

$$L=\begin{pmatrix}1&0&0\\0&1&0\\0&\alpha_2^{(2)}&1\end{pmatrix}\quad\text{und}\quad U=\begin{pmatrix}0&0&1\\-\alpha_o^{(1)}&-\alpha_1^{(1)}&-\alpha_2^{(1)}\\0&-\alpha_o^{(2)}&-\alpha_1^{(2)}\end{pmatrix},$$

[1] von Th. Chaves, PUC-Rio de Janeiro; M. Mihelčić, KFA-Jülich

somit

$$P(\mu)=\det(\mu L-U)=\begin{vmatrix} \mu & 0 & -1 \\ \alpha_o^{(1)} & \mu+\alpha_1^{(1)} & \alpha_2^{(1)} \\ 0 & \mu\alpha_2^{(2)}+\alpha_o^{(2)} & \mu+\alpha_1^{(2)} \end{vmatrix} = (\mu-1)\begin{vmatrix} \mu & 1 & -1 \\ \alpha_o^{(1)} & 1 & \alpha_2^{(1)} \\ 0 & \alpha_2^{(2)}+1 & \mu+\alpha_1^{(2)} \end{vmatrix} .$$

Für $\alpha_o^{(1)}=0$ folgt: $\quad P(\mu)=(\mu-1)\mu(\mu-\mu_3)$

mit $\quad \mu_3=\alpha_2^{(1)}(\alpha_2^{(2)}+1)-\alpha_1^{(2)}$.

Aus $\alpha_o^{(1)}=0$ und der Parametrisierung $\alpha_1=(8\alpha_o-19)/11$, $\alpha_2=(-19\alpha_o+8)/11$ folgt:

$$\alpha_2^{(1)} = \frac{8}{11} \quad \text{und} \quad \mu_3 = \frac{361-240\alpha_o^{(2)}}{121} .$$

Das Verfahren (10.28) ist *stark stabil*, wenn $\alpha_o^{(2)}$ so gewählt wird, daß gilt: $|\mu_3|<1$, d.h. für *alle*

$$\alpha_o^{(2)}=(361-121\mu_3)/240 \quad \text{mit} \quad -1<\mu_3<1.$$

Damit haben wir unendlich viele (stark) stabile 2-zyklische 3-Schrittverfahren der Ordnung 5 gewonnen.

Der Spezialfall $\mu_3=-1/11$ ergibt das Verfahren (1.9), Seite 5, von Donelson und Hansen; sein Stabilitätsbereich ist in Abb. 10.1. skizziert, zusammen mit dem Stabilitätsbereich des Falles $\mu_3=109/121$, d.h. $\alpha_o^{(2)}=21/20$.

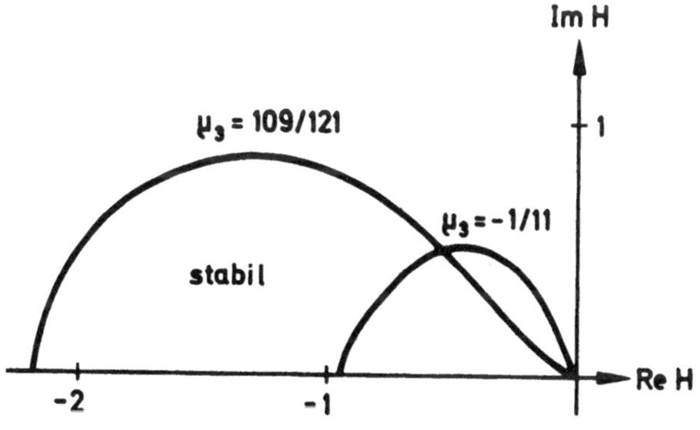

Abb. 10.1.

Aus Abschnitt 10.2.1. folgt noch eine *zweite Möglichkeit zur Konstruktion (k-1)-zyklischer k-Schrittverfahren mit der Konvergenzordnung (2k-1)*: Statt Stufen der Konsistenzordnung q=2k-1 (mit je einem freien Parameter) benutzt man Stufen der Konsistenzordnung q=2k-2 (mit je zwei freien Parametern) und erfüllt mit den 2(k-1) freien Parametern die Stabilitätsbedingung (10.23) *und* die Ordnungsbedingung (10.24).

Als *Beispiel* hierfür betrachten wir den Fall M=3,k=4 und gehen aus von der Darstellung $Lz_j^*=Uz_{j-1}^*+h\phi(x_{j-1},z_{j-1}^*,z_j^*;h)$; $z_o^*=\zeta_o(h)$ mit

$$L=\begin{pmatrix} 1 & 0 & 0 & 0 \\ 0 & 1 & 0 & 0 \\ 0 & \alpha_3^{(2)} & 1 & 0 \\ 0 & \alpha_2^{(3)} & \alpha_3^{(3)} & 1 \end{pmatrix} ; \quad U=\begin{pmatrix} 0 & 0 & 0 & 1 \\ -\alpha_o^{(1)} & -\alpha_1^{(1)} & -\alpha_2^{(1)} & -\alpha_3^{(1)} \\ 0 & -\alpha_o^{(2)} & -\alpha_1^{(2)} & -\alpha_2^{(2)} \\ 0 & 0 & -\alpha_o^{(3)} & -\alpha_1^{(3)} \end{pmatrix} . \qquad (10.29)$$

Für P(μ)=det(μL-U) erhält man in diesem Fall:

$$P(\mu)=\begin{vmatrix} \mu & 0 & 0 & -1 \\ \alpha_o^{(1)} & \mu+\alpha_1^{(1)} & \alpha_2^{(1)} & \alpha_3^{(1)} \\ 0 & \mu\alpha_3^{(2)}+\alpha_o^{(2)} & \mu+\alpha_1^{(2)} & \alpha_2^{(2)} \\ 0 & \mu\alpha_2^{(3)} & \mu\alpha_3^{(3)}+\alpha_o^{(3)} & \mu+\alpha_1^{(3)} \end{vmatrix} \qquad (10.30)$$

und die Ordnungsbedingung lautet:

$$\begin{vmatrix} 1 & 0 & 0 & 0 \\ \alpha_o^{(1)} & 1+\alpha_1^{(1)} & \alpha_2^{(1)} & c_7^{(1)} \\ 0 & \alpha_3^{(2)}+\alpha_o^{(2)} & 1+\alpha_1^{(2)} & c_7^{(2)} \\ 0 & \alpha_2^{(3)} & \alpha_3^{(3)}+\alpha_o^{(3)} & c_7^{(3)} \end{vmatrix} = 0 . \qquad (10.31)$$

Parametrisiert man die hier auftretenden Größen in Abhängigkeit von den Parametern $\alpha_2^{(r)}$, $\alpha_3^{(r)}$ (r=1,2,3) gemäß:

$$\begin{aligned}
\alpha_0 &= -\frac{11}{27}\alpha_2 - 1 \quad ; \quad & \beta_2 &= \frac{196}{405}\alpha_2 + \frac{19}{15}\alpha_3 + \frac{8}{15} \\
\alpha_1 &= -\frac{16}{27}\alpha_2 - \alpha_3 \quad ; \quad & \beta_3 &= \frac{-52}{1215}\alpha_2 + \frac{17}{45}\alpha_3 + \frac{64}{45} \\
\beta_0 &= \frac{281}{2430}\alpha_2 - \frac{1}{90}\alpha_3 + \frac{14}{45} \quad ; \quad & \beta_4 &= \frac{11}{2430}\alpha_2 - \frac{1}{90}\alpha_3 + \frac{14}{45} \qquad (10.32) \\
\beta_1 &= \frac{1028}{1215}\alpha_2 + \frac{17}{45}\alpha_3 + \frac{64}{45} \quad ,
\end{aligned}$$

so hat jede Stufe des Verfahrens die Konsistenzordnung 6. Die Parameterwerte[1)]

$\alpha_2^{(1)} = -1,028\ 565$; $\alpha_2^{(2)} = 2,755\ 080$; $\alpha_2^{(3)} = -2,454\ 572\ 425\ 6$

$\alpha_3^{(1)} = 0,508\ 545$; $\alpha_3^{(2)} = -0,451\ 656$; $\alpha_3^{(3)} = 0,541\ 620$

erfüllen (10.31) und für die Nullstellen des Polynoms (10.30) gilt $\mu_1=1$, $|\mu_i|<1$ $(i=2,3,4)$. Das zugehörige 3-zyklische 4-Schrittverfahren ist somit stark stabil und hat die *Konvergenzordnung 7*.

---

1) lediglich $\alpha_2^{(3)}$ ist auf 10 Dezimalstellen gerundet; die anderen Parameterwerte sind exakt.

10.4. Zur Konstruktion steif-stabiler, zyklischer Verfahren

10.4.1. Für die Betrachtungen dieses Paragraphen ist es vorteilhaft, zyklische Verfahren in der Form

$$z_0^* = \zeta_0(h); \quad Lz_j^* = Uz_{j-1}^* + h(B_L F_j^* + B_U F_{j-1}^*), \qquad j=1(1)p \tag{10.33}$$

darzustellen mit den Vektoren (vgl. mit (10.2)):

$$\begin{aligned} F_0^* &:= (0,\dots,0,f_0^*,\dots,f_{k-1}^*)^T \varepsilon \mathbb{R}^s, \qquad && s:=\max(M,k), \\ F_j^* &:= (f_{Mj+k-s}^*,\dots,f_{Mj+k-1}^*)^T \varepsilon \mathbb{R}^s, \qquad && j=1(1)p, \end{aligned} \tag{10.34}$$

und (s,s)-Matrizen B_L und B_U, welche eine ähnliche Struktur haben wie L und U, jedoch statt der $\alpha_\ell^{(r)}$ die Koeffizienten $\beta_\ell^{(r)}$ enthalten.

Beispiele. (a) Im Fall des M=k=3-Verfahrens (1.20), Seite 11, ist

$$B_L = \begin{pmatrix} \beta_3^{(1)} & 0 & 0 \\ \beta_2^{(2)} & \beta_3^{(2)} & 0 \\ \beta_1^{(3)} & \beta_2^{(3)} & \beta_3^{(3)} \end{pmatrix}; \qquad B_U = \begin{pmatrix} \beta_0^{(1)} & \beta_1^{(1)} & \beta_2^{(1)} \\ 0 & \beta_0^{(2)} & \beta_1^{(2)} \\ 0 & 0 & \beta_0^{(3)} \end{pmatrix} \qquad \text{(vgl. (1.22))}.$$

(b) Beim M=2,k=5-Verfahren (1.26), Seite 12, lauten B_L und B_U:

$$B_L = \begin{pmatrix} 0 & 0 & 0 & 0 & 0 \\ 0 & 0 & 0 & 0 & 0 \\ 0 & 0 & 0 & 0 & 0 \\ 0 & 0 & 0 & \beta_5^{(1)} & 0 \\ 0 & 0 & 0 & \beta_4^{(2)} & \beta_5^{(2)} \end{pmatrix}; \qquad B_U = \begin{pmatrix} 0 & 0 & 0 & 0 & 0 \\ 0 & 0 & 0 & 0 & 0 \\ 0 & 0 & 0 & 0 & 0 \\ \beta_0^{(1)} & \beta_1^{(1)} & \beta_2^{(1)} & \beta_3^{(1)} & \beta_4^{(1)} \\ 0 & \beta_0^{(2)} & \beta_1^{(2)} & \beta_2^{(2)} & \beta_3^{(2)} \end{pmatrix}.$$

Im Falle M<k sind die (s,s)-Matrizen L und U sowie B_L und B_U nicht eindeutig bestimmt, weil gewisse $\alpha_\ell^{(r)}$ (bzw. $\beta_\ell^{(r)}$) ent-

weder in L oder in U (bzw. entweder in B_L oder in B_U) auftreten können (im Beispiel (b) sind das u.a. die Koeffizienten $\beta_2^{(1)}$, $\beta_3^{(1)}$, $\beta_4^{(1)}$ und $\alpha_1^{(2)}$, $\alpha_2^{(2)}$, $\alpha_3^{(2)}$). Um Eindeutigkeit zu erreichen, treffen wir die *Vereinbarung*, solche Koeffizienten stets in U bzw. B_U aufzunehmen.

10.4.2. Für $f(x,y)=\lambda y$ ergibt (10.33):

$$(L-HB_L)z_j^* = (U+HB_U)z_{j-1}^* \quad \text{mit} \quad H:=\lambda h \ ;$$

das *charakteristische Polynom* $Q(\mu;H)$ (vgl. Def. 7.2.4., Seite 68) lautet daher:

$$Q(\mu;H)=\det\left[\mu(L-HB_L)-(U+HB_U)\right] \ . \qquad (10.35)$$

Der *Stabilitätsbereich* $\mathbb{H}$ des Verfahrens (10.33) besteht nach Definition 7.2.8. aus der Menge der komplexen Zahlen H, für die alle Nullstellen $\mu_i(H)$ von Q betragsmäßig kleiner sind als 1. $\mathbb{H}$ braucht nicht zusammenhängend zu sein; sein Rand besteht aus der Menge der Zahlen H mit $Q(e^{i\psi};H)=0$, $\psi\varepsilon[0,2\pi]$. Wir erinnern an die in 7.2.13., Seite 73, gegebene Definition steif-stabiler Verfahren und beweisen:

10.4.3. Satz

Kein *explizites*, lineares, zyklisches Verfahren ist steif-stabil.
Sind alle Stufen eines steif-stabilen, linearen M-zyklischen Verfahrens *implizit*, so hat das Polynom

$$\tilde{P}(\mu):=\lim_{H\to\infty} H^{-M}Q(\mu;H) \qquad (10.36)$$

den Grad s und für seine Nullstellen $\tilde{\mu}_i$ gilt:

$$|\tilde{\mu}_i| \leq 1, \quad i=1(1)s. \qquad (10.37)$$

(10.37) ist eine relativ leicht zu handhabende, *notwendige* Bedingung für steife Stabilität.

10.4.4. Beweis. $Q(\mu;H)$ ist ein Polynom s-ten Grades in μ und läßt sich in der Form

$$Q(\mu;H) = \sum_{\ell=o}^{s} c_\ell(H)\mu^\ell$$

darstellen, wobei die c_ℓ Polynome von Grad $\leq$ M sind. Wie die Diagonalelemente von (10.35) zeigen, ist im Falle eines expliziten Verfahrens $c_s=1$ und wenigstens eines der Polynome c_ℓ, $\ell=o(1)s-1$, hat einen Grad $\geq$ 1. Es kann daher *nicht* $|\mu_i(H)|\leq 1$ für alle reellen, negativen H sein. Das beweist den ersten Teil des Satzes. Die Diagonalelemente von (10.35) zeigen außerdem, daß $c_s(H)$ den Grad M hat, wenn alle Stufen implizit sind. $\tilde{P}(\mu)$ ist daher ein Polynom s-ten Grades und die Notwendigkeit von (10.37) folgt aus $\tilde{\mu}_i=\lim_{H\to\infty} \mu_i(H)$, i=1(1)s.

10.4.5. Da wir im folgenden steif-stabile Verfahren *möglichst hoher Ordnung* konstruieren wollen, *setzen wir für den Rest dieses Paragraphen voraus, daß alle Stufen implizit sind.*

Bezeichnen μ_i (i=1(1)s) wieder die Nullstellen von $P(\mu):=\det(\mu L-U)$ mit $\mu_1=1$ und $\tilde{\mu}_i$ (i=1(1)s) die Nullstellen von $\tilde{P}(\mu):=\lim_{H\to\infty} H^{-M}Q(\mu;H)$, so lassen sich steif-stabile Verfahren der Form (10.33) auf folgende elementare[1] Weise finden:

Man wählt die Konsistenzordnung q der Stufen hinreichend klein, so daß genügend freie Parameter verfügbar sind, um folgende Bedingungen zu erfüllen:

[1] Das im folgenden beschriebene Suchverfahren hat *vorläufigen* Charakter; es ist zu erwarten, daß sich theoretisch und praktisch befriedigendere Verfahren finden lassen.

1. $|\mu_i|<1$, $i=2(1)s$ ("Stabilitätsbedingungen für H=0") (10.39a)

2. $|\tilde{\mu}_i|<1$[1], $i=1(1)s$ ("Stabilitätsbedingungen für H=∞") (10.39b)

und, falls möglich, auch noch

3. Rang(L-U,c)=s-1 (Ordnungsbedingung mit m=1). (10.39c)

Für jedes Verfahren, welches den Bedingungen (10.39a-c) genügt, wird die Abbildung des Einheitskreises $\mu=e^{i\psi}$ durch $Q(\mu;H)=0$ betrachtet um festzustellen, ob es steif-stabil ist ("Test auf steife Stabilität").
Die so konstruierten Verfahren haben nach Satz 10.1.2. (bei hinreichender Differenzierbarkeit von y und geeigneten Startwerten) die Konvergenzordnung q bzw. (q+1), je nachdem ob (10.39c) erfüllt ist oder nicht.

[1] Aus Genauigkeitsgründen werden steif-stabile Verfahren mit $|\tilde{\mu}_i|\neq 1$ bevorzugt.

10.5. Spezielle, steif-stabile, zyklische Verfahren

10.5.1. Steif-stabile 2-Schrittverfahren maximaler Ordnung

Im Falle M=k=2 haben die Stufen die Konsistenzordnung q=2, wenn gilt:

$$\alpha_0^{(r)}=-2\beta_1^{(r)}-4\beta_2^{(r)}+3;\ \alpha_1^{(r)}=2\beta_1^{(r)}+4\beta_2^{(r)}-4;\ \beta_0^{(r)}=\beta_1^{(r)}+3\beta_2^{(r)}-2,\ r=1,2, \tag{10.40}$$

mit den freien Parametern $\beta_1^{(1)}, \beta_2^{(1)}, \beta_1^{(2)}$ und $\beta_2^{(2)}$. Es ist

$$P(\mu)=\begin{vmatrix} \mu+\alpha_0^{(1)} & \alpha_1^{(1)} \\ \mu\alpha_1^{(2)} & \mu+\alpha_0^{(2)} \end{vmatrix} ;\ \tilde{P}(\mu)=\begin{vmatrix} \mu\beta_2^{(1)}+\beta_0^{(1)} & \beta_1^{(1)} \\ \mu\beta_1^{(2)} & \mu\beta_2^{(2)}+\beta_0^{(2)} \end{vmatrix} \tag{10.41}$$

und die Ordnungsbedingung lautet:

$$\begin{vmatrix} 1+\alpha_0^{(1)} & c_3^{(1)} \\ \alpha_1^{(2)} & c_3^{(2)} \end{vmatrix} = 0 \quad \text{mit} \quad c_3^{(r)}=(-\beta_1^{(r)}-8\beta_2^{(r)}+4)/6$$

(sie ist stets erfüllt, wenn eine der Stufen die Formel (1.12) von Milne-Simpson ist).

Der in Abschnitt 10.4.5. beschriebene Konstruktionsprozeß ergibt hiermit zum Beispiel die folgenden *steif-stabilen 2-Schrittverfahren der Konvergenzordnung 3*:

$$\begin{aligned} 100y_{2j}^{*} -14y_{2j-1}^{*} - 86y_{2j-2}^{*} &= h(10f_{2j}^{*} +173f_{2j-1}^{*} + 3f_{2j-2}^{*}) \\ 2500y_{2j+1}^{*} -746y_{2j}^{*} -1754y_{2j-1}^{*} &= h(2201f_{2j+1}^{*} +225f_{2j}^{*} +1828f_{2j-1}^{*}) \end{aligned} \tag{10.42}$$

$$\begin{aligned} 100y_{2j}^{*} - 14y_{2j-1}^{*} - 86y_{2j-2}^{*} &= h(12f_{2j}^{*} + 169f_{2j-1}^{*} + 5f_{2j-2}^{*}) \\ 8150y_{2j+1}^{*} -2506y_{2j}^{*} -5644y_{2j-1}^{*} &= h(6953f_{2j+1}^{*} +1141f_{2j}^{*} +5700f_{2j-1}^{*}) \end{aligned} \tag{10.43}$$

Die Stabilitätsbereiche haben die folgenden Parameter (vgl. Def. 7.2.13., Seite 73):

Verfahren	α	γ
(10.42)	$83{,}4^{o}$	-0,402
(10.43)	$84{,}8^{o}$	-0,273

Steif-stabile, zyklische 2-Schrittverfahren der Ordnung 3 ergeben sich aber auch, wenn man auf die Ordnungsbedingung verzichtet und stattdessen *M=3 Stufen der Konsistenzordnung 3* betrachtet. Mit den freien Parametern $\alpha_o^{(r)}$ (r=1,2,3) und der Parametrisierung (vgl. (9.27a), Seite 123):

$$\alpha_1=(-\alpha_o-1);\ \beta_o=-(5\alpha_o+1)/12;\ \beta_1=(-2\alpha_o+2)/3;\ \beta_2=(\alpha_o+5)/12$$

sind nämlich die Bedingungen (10.39a/b) erfüllbar, und man findet zum Beispiel die folgenden *steif-stabilen* 3-zyklischen *2-Schrittverfahren der Ordnung 3:*

$$\begin{aligned}
&2y^*_{3j-1}-3y^*_{3j-2}+y^*_{3j-3}=\frac{h}{12}(11f^*_{3j-1}+8f^*_{3j-2}-7f^*_{3j-3})\\
&2y^*_{3j}-7y^*_{3j-1}+5y^*_{3j-2}=\frac{h}{4}(5f^*_{3j}-8f^*_{3j-1}-9f^*_{3j-2})\\
&5y^*_{3j+1}-4y^*_{3j}-y^*_{3j-1}=h(2f^*_{3j+1}+4f^*_{3j}),\quad j=1(1)p.
\end{aligned}\tag{10.44}$$

$$\begin{aligned}
&25y^*_{3j-1}-26y^*_{3j-2}+y^*_{3j-3}=\frac{h}{2}(21f^*_{3j-1}+32f^*_{3j-2}-5f^*_{3j-3})\\
&50y^*_{3j}-199y^*_{3j-1}+149y^*_{3j-2}=\frac{h}{4}(133f^*_{3j}-264f^*_{3j-1}-265f^*_{3j-2})\\
&100y^*_{3j+1}-159y^*_{3j}+59y^*_{3j-1}=\frac{h}{12}(559f^*_{3j+1}+328f^*_{3j}-395f^*_{3j-1})
\end{aligned}\tag{10.45}$$

$$\begin{aligned}
&100y^*_{3j-1}-98y^*_{3j-2}-2y^*_{3j-3}=\frac{h}{2}(83f^*_{3j-1}+136f^*_{3j-2}-15f^*_{3j-3})\\
&100y^*_{3j}-174y^*_{3j-1}+74y^*_{3j-2}=\frac{h}{6}(287f^*_{3j}+104f^*_{3j-1}-235f^*_{3j-2})\\
&100y^*_{3j+1}-481y^*_{3j}+381y^*_{3j-1}=\frac{h}{12}(881f^*_{3j+1}-2248f^*_{3j}-2005f^*_{3j-1})
\end{aligned}\tag{10.46}$$

Für die Stabilitätsbereiche gilt:

Verfahren	α	γ
(10.44)	$80{,}3^\circ$	-0,279
(10.45)	$84{,}3^\circ$	-0,193
(10.46)	$82{,}5^\circ$	-0,185

10.5.2. Steif-stabile 3-Schrittverfahren maximaler Ordnung

Für M=k=3 haben die Stufen die Konsistenzordnung q=4, wenn gilt:

$$\alpha_0^{(r)}=-(\alpha_1^{(r)}+\alpha_2^{(r)}+1) \quad ; \quad \beta_1^{(r)}=\frac{1}{24}(19\alpha_1^{(r)}+32\alpha_2^{(r)}+27)$$

$$\beta_2^{(r)}=\frac{1}{24}(-5\alpha_1^{(r)}+8\alpha_2^{(r)}+27) \qquad (10.47)$$

$$\beta_0^{(r)}=\frac{1}{24}(9\alpha_1^{(r)}+8\alpha_2^{(r)}+9) \quad ; \quad \beta_3^{(r)}=\frac{1}{24}(\alpha_1^{(r)}+9)\ , \qquad r=1,2,3.$$

Die Polynome $P(\mu)$ und $\tilde{P}(\mu)$ lauten:

$$P(\mu)=\begin{vmatrix} \mu+\alpha_0^{(1)} & \alpha_1^{(1)} & \alpha_2^{(1)} \\ \mu\alpha_2^{(2)} & \mu+\alpha_0^{(2)} & \alpha_1^{(2)} \\ \mu\alpha_1^{(3)} & \mu\alpha_2^{(3)} & \mu+\alpha_0^{(3)} \end{vmatrix} \quad ; \quad \tilde{P}(\mu)=-\begin{vmatrix} \mu\beta_3^{(1)}+\beta_0^{(1)} & \beta_1^{(1)} & \beta_2^{(1)} \\ \mu\beta_2^{(2)} & \mu\beta_3^{(2)}+\beta_0^{(2)} & \beta_1^{(2)} \\ \mu\beta_1^{(3)} & \mu\beta_2^{(3)} & \mu\beta_3^{(3)}+\beta_0^{(3)} \end{vmatrix}$$

(10.48)

und die Ordnungsbedingung (10.39c) ist erfüllt, wenn gilt:

$$\begin{vmatrix} 1+\alpha_0^{(1)} & \alpha_1^{(1)} & c_5^{(1)} \\ \alpha_2^{(2)} & 1+\alpha_0^{(2)} & c_5^{(2)} \\ \alpha_1^{(3)} & \alpha_2^{(3)} & c_5^{(3)} \end{vmatrix}=0; \qquad c_5^{(r)}:=\frac{1}{5!}\left(\sum_{\ell=1}^{3}\ell^5\alpha_\ell^{(r)}-5\sum_{\ell=1}^{3}\ell^4\beta_\ell^{(r)}\right) \ ; \ \alpha_3^{(r)}:=1$$

$$=\frac{-1}{6!}\,(19\alpha_1^{(r)}+8\alpha_2^{(r)}+27)\ .$$

Die hier auftretenden Größen hängen gemäß (10.47) von den 6 freien Parametern $\alpha_1^{(r)}$, $\alpha_2^{(r)}$ (r=1,2,3) ab. Es zeigt sich, daß die 6 Bedingungen (10.39a-c) mit diesen Parametern erfüllbar sind *und* daß sich unter den so konstruierten Verfahren mit der Konvergenzordnung 5 steif-stabile finden lassen.

Zum Beispiel ist das durch (10.47) und die Parameterwerte

$$\begin{aligned} &\alpha_1^{(1)}=-0{,}956 \ ; \ \alpha_1^{(2)}= 1{,}363 \ ; \ \alpha_1^{(3)}= 4{,}591 \\ &\alpha_2^{(1)}=-0{,}375 \ ; \ \alpha_2^{(2)}=-2{,}659 \ ; \ \alpha_2^{(3)}=-4{,}160\,038\,984\,3^{1)} \end{aligned} \qquad (10.49)$$

definierte 3-zyklische 3-Schrittverfahren |1| *steif-stabil* und hat die *Konvergenzordnung* $(q+1)=5$. Sein Stabilitätsbereich ist in Abb. 10.2. skizziert. (Es ist wahrscheinlich, daß sich steif-stabile M=k=3-Verfahren mit noch kleineren Bereichen instabilen Verhaltens in $\mathbb{C}^-$ finden lassen).

Verzichtet man auf die Ordnungsbedingung, so lassen sich die Bedingungen (10.39a/b) für k=3 schon mit M=2 Stufen erfüllen, wie in |55| mit dem folgenden steif-stabilen *2-zyklischen 3-Schrittverfahren der Ordnung 4* gezeigt wird:

$$200y^*_{2j+1}-1143y^*_{2j}+816y^*_{2j-1}+127y^*_{2j-2}=h(109f^*_{2j+1}-326f^*_{2j}-653f^*_{2j-1}) \qquad (10.50)$$

$$127y^*_{2j+2}-120{,}978y^*_{2j+1}+36{,}576y^*_{2j}-42{,}598y^*_{2j-1}=h(49{,}149f^*_{2j+2}+94{,}929f^*_{2j+1}+ \\ +10{,}527f^*_{2j} \ +21{,}015f^*_{2j-1})$$

Der Stabilitätsbereich dieses Verfahrens ist in Abb. 10.3. skizziert.

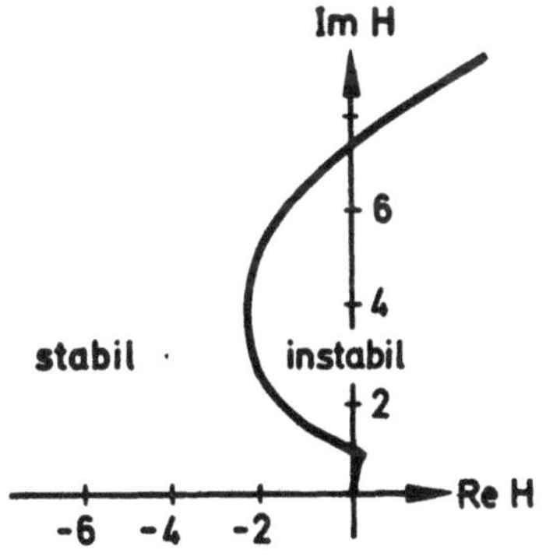

Abb. 10.2.

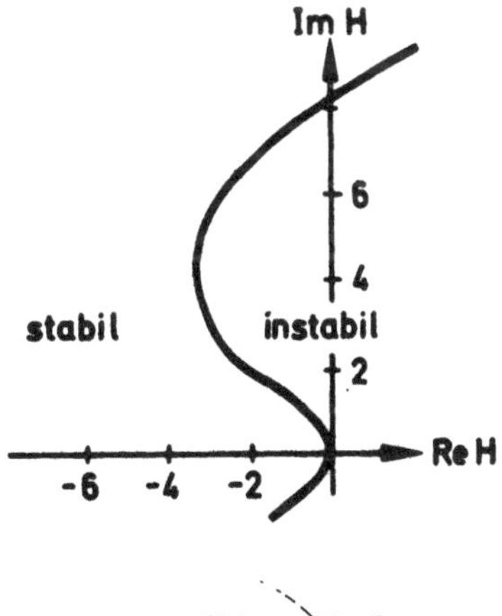

Abb. 10.3.

---

1) Lediglich $\alpha_2^{(3)}$ ist auf 10 Dezimalstellen gerundet, die restlichen freien Parameter sind exakt.

10.5.3. Steif-stabile, zyklische k-Schrittverfahren der Ordnung k=3(1)7

Der in Abschnitt 10.4.5. beschriebene Konstruktionsprozeß für steif-stabile Verfahren vereinfacht sich erheblich, wenn man auf die Ordnungsbedingung verzichtet *und* die Koeffizienten $\beta_\ell^{(r)}$ so wählt, daß gilt:

$$B_U = \mathfrak{O}. \qquad (10.51)$$

Wie man aus (10.35) in Verbindung mit (10.36) erkennt, hat $\tilde{P}(\mu)$ dann nämlich die Form

$$\tilde{P}(\mu) = \text{const.}\mu^s,$$

d.h. es ist $\tilde{\mu}_i=0$ (i=1(1)s), und es brauchen nur noch die Bedingungen (10.39a) und der Test auf steife Stabilität erfüllt zu sein.
(10.51) stellt allerdings eine *erhebliche Einschränkung* dar, und man kann nicht erwarten, auf diese Weise Verfahren mit maximal möglicher Konvergenzordnung zu erhalten!

Tendler, Bickart und Picel |83| fanden so die folgenden steif-stabilen, M-zyklischen k-Schrittverfahren mit der *Konvergenzordnung k* (k=3(1)7). Diese Verfahren wurden durch entsprechende Wahl von M so bestimmt, daß ihre Stabilitätsbereiche günstiger ausfallen als bei den in Abschnitt 9.3.2., Seite 117, angegebenen steif-stabilen, linearen k-Schrittverfahren gleicher Ordnung. Ihre Konvergenzordnung ist erwartungsgemäß nicht optimal, wie ein Vergleich mit den Verfahren der Abschnitte 10.5.1. und 10.5.2. zeigt.

k=3; M=3; Konvergenzordnung 3:

$$11y^*_{3j} - 18y^*_{3j-1} + 9y^*_{3j-2} - 2y^*_{3j-3} = 6hf^*_{3j}$$
$$11y^*_{3j+1} - 18y^*_{3j} + 9y^*_{3j-1} - 2y^*_{3j-2} = 6hf^*_{3j+1} \qquad (10.52a)$$
$$3y^*_{3j+2} - 12y^*_{3j+1} + 9y^*_{3j} = 2h(f^*_{3j+2} - 2f^*_{3j+1} - 2f^*_{3j}).$$

k=4; M=3; Konvergenzordnung 4:

$$25y^*_{3j+1} - 48y^*_{3j} + 36y^*_{3j-1} - 16y^*_{3j-2} + 3y^*_{3j-3} = 12hf^*_{3j+1}$$
$$25y^*_{3j+2} - 48y^*_{3j+1} + 36y^*_{3j} - 16y^*_{3j-1} + 3y^*_{3j-2} = 12hf^*_{3j+2} \qquad (10.52b)$$
$$93y^*_{3j+3} - 272y^*_{3j+2} + 216y^*_{3j+1} - 48y^*_{3j} + 11y^*_{3j-1} = 12h(4f^*_{3j+3} - 4f^*_{3j+2} - 5f^*_{3j+1}).$$

k=5; M=4; Konvergenzordnung 5:

$$137y^*_{4j+1} - 300y^*_{4j} + 300y^*_{4j-1} - 200y^*_{4j-2} + 75y^*_{4j-3} - 12y^*_{4j-4} = 60hf^*_{4j+1}$$
$$137y^*_{4j+2} - 300y^*_{4j+1} + 300y^*_{4j} - 200y^*_{4j-1} + 75y^*_{4j-2} - 12y^*_{4j-3} = 60hf^*_{4j+2}$$
$$1373y^*_{4j+3} - 3030y^*_{4j+2} + 2980y^*_{4j+1} - 1940y^*_{4j} + 735y^*_{4j-1} - 118y^*_{4j-2} = 60h(10f^*_{4j+3} - f^*_{4j+1}) \qquad (10.52c)$$
$$1158y^*_{4j+4} - 5595y^*_{4j+3} + 5470y^*_{4j+2} - 1680y^*_{4j+1} + 780y^*_{4j} - 133y^*_{4j-1} = 30h(20f^*_{4j+4} - 51f^*_{4j+3} - 62f^*_{4j+2} + f^*_{4j+1})$$

k=6; M=4; Konvergenzordnung 6:

$$147y^*_{4j+2} - 360y^*_{4j+1} + 450y^*_{4j} - 400y^*_{4j-1} + 225y^*_{4j-2} - 72y^*_{4j-3} + 10y^*_{4j-4} = 60hf^*_{4j+2}$$
$$2930y^*_{4j+3} - 7277y^*_{4j+2} + 9150y^*_{4j+1} - 8100y^*_{4j} + 4550y^*_{4j-1} - 1455y^*_{4j-2} + 202y^*_{4j-3} = 60h(20f^*_{4j+3} - f^*_{4j+2})$$
$$2944y^*_{4j+4} - 7445y^*_{4j+3} + 8905y^*_{4j+2} - 7540y^*_{4j+1} + 4340y^*_{4j} - 1399y^*_{4j-1} + 195y^*_{4j-2} = 60h(20f^*_{4j+4} - f^*_{4j+3} - 7f^*_{4j+2})$$
$$2299y^*_{4j+5} - 14865y^*_{4j+4} + 18455y^*_{4j+3} - 10360y^*_{4j+2} + 6225y^*_{4j+1} - 2039y^*_{4j} + 285y^*_{4j-1} = 60h(20f^*_{4j+5} - 78f^*_{4j+4} - 68f^*_{4j+3} + 3f^*_{4j+2}).$$

(10.52d)

Das *k=7, M=4-Verfahren mit der Konvergenzordnung 7*, schließlich, hat die Koeffizienten:

j	7	6	5	4	3	2	1	0
$\alpha_j^{(1)}$:	1089	- 2940	4410	- 4900	3675	- 1764	490	- 60
$\alpha_j^{(2)}$:	1089	- 2940	4410	- 4900	3675	- 1764	490	- 60
$\alpha_j^{(3)}$:	2860	-11297	17710	-17650	13100	- 6235	1722	-210
$\alpha_j^{(4)}$:	9748	-42364	68159	-66290	48160	-22988	6349	-774
$\beta_j^{(1)}$:	420	0	0	0	0	0	0	0
$\beta_j^{(2)}$:	420	0	0	0	0	0	0	0
$\beta_j^{(3)}$:	1200	- 1860	- 600	0	0	0	0	0
$\beta_j^{(4)}$:	4200	- 8400	-2100	840	0	0	0	0

(10.52e)

Benutzt man wieder die Zahl γ und den Winkel α aus Definition 7.2.13. (Seite 73) als Maß für die steife Stabilität des Verfahrens und bezeichnet p seine Konvergenzordnung, so gilt |83|:

p	3	4	5	6	7
γ	-0,0048	-0,24	-1,4	-2,9	-10,2
α	89,4°	80,8°	77,4°	63,2°	33,5°

10.6. A-stabile, block-implizite Verfahren

Block-implizite Verfahren sind in Abschnitt 5.4.2. (Seite 60) definiert; sie sollen hier nicht allgemein behandelt werden, vielmehr wollen wir uns in diesem Paragraphen auf den Spezialfall M=N beschränken. Diese *Einschritt*verfahren sind von Interesse, weil sie Â-stabil sind und in enger Beziehung zu gewissen Runge-Kutta-Verfahren stehen.

<u>10.6.1.</u> Betrachten wir als *Beispiel* zunächst den Fall M=N=3; die allgemeine Form eines solchen Verfahrens lautet:

$$\begin{aligned}
&a_3^{(1)}y^*_{3j}+a_2^{(1)}y^*_{3j-1}+a_1^{(1)}y^*_{3j-2}=-a_o^{(1)}y^*_{3j-3}+h(b_3^{(1)}f^*_{3j}+\ldots+b_o^{(1)}f^*_{3j-3})\\
&a_3^{(2)}y^*_{3j}+a_2^{(2)}y^*_{3j-1}+a_1^{(2)}y^*_{3j-2}=-a_o^{(2)}y^*_{3j-3}+h(b_3^{(2)}f^*_{3j}+\ldots+b_o^{(2)}f^*_{3j-3}) \qquad (10.53)\\
&a_3^{(3)}y^*_{3j}+a_2^{(3)}y^*_{2j-1}+a_1^{(3)}y^*_{3j-2}=-a_o^{(3)}y^*_{3j-3}+h(b_3^{(3)}f^*_{3j}+\ldots+b_o^{(3)}f^*_{3j-3})\\
&y^*_o=\eta_o \qquad\qquad j=1(1)p.
\end{aligned}$$

Mit

$$\zeta_o:=\begin{pmatrix}0\\0\\\eta_o\end{pmatrix};\quad z^*_j:=\begin{pmatrix}y^*_{3j-2}\\y^*_{3j-1}\\y^*_{3j}\end{pmatrix};\quad L:=\begin{pmatrix}a_1^{(1)}&a_2^{(1)}&a_3^{(1)}\\a_1^{(2)}&a_2^{(2)}&a_3^{(2)}\\a_1^{(3)}&a_2^{(3)}&a_3^{(3)}\end{pmatrix};\quad U:=\begin{pmatrix}0&0&-a_o^{(1)}\\0&0&-a_o^{(2)}\\0&0&-a_o^{(3)}\end{pmatrix}$$

geht (10.53) über in die Darstellung

$$z^*_o=\zeta_o;\quad Lz^*_j=Uz^*_{j-1}+h\phi(x_{j-1},z^*_{j-1},z^*_j;h),\quad j=1(1)p.$$

Die eindeutige Lösbarkeit des Gleichungssystems (10.53) ist bei hinreichend kleinem h gesichert, wenn f der Lipschitzbedingung (1.2) genügt *und* $\det L\neq 0$ ist. In diesem Fall ergibt die Multiplikation mit L^{-1} die Normalform:

$$z^*_j=\hat{A}z^*_{j-1}+h\hat{\phi}(x_{j-1},z^*_{j-1},z^*_j;h),\quad j=1(1)p \qquad (10.54)$$

mit $\hat{A}=L^{-1}U$ und $\hat{\phi}=L^{-1}\phi$.

Wie man leicht mit den Konsistenzbedingungen $\sum_{\ell=0}^{3} a_\ell^{(r)}=0$ $(r=1(1)3)$ und $L\hat{A}=U$ verifiziert, gilt:

$$\hat{A} = \begin{pmatrix} 0 & 0 & 1 \\ 0 & 0 & 1 \\ 0 & 0 & 1 \end{pmatrix};$$

(10.54) lautet daher ausgeschrieben:

$$\begin{aligned} y^*_{3j-2} &= y^*_{3j-3}+h(\beta_3^{(1)} f^*_{3j}+\ldots+\beta_0^{(1)} f^*_{3j-3}) \\ y^*_{3j-1} &= y^*_{3j-3}+h(\beta_3^{(2)} f^*_{3j}+\ldots+\beta_0^{(2)} f^*_{3j-3}) \\ y^*_{3j} &= y^*_{3j-3}+h(\beta_3^{(3)} f^*_{3j}+\ldots+\beta_0^{(3)} f^*_{3j-3}). \end{aligned} \qquad (10.55)$$

Die Darstellungen (10.53) und (10.55) sind äquivalent; das ist insofern bemerkenswert, als die Stufen von (10.55) *stabile* 3-Schrittverfahren sind und daher nach dem Satz 4.3.3. von Dahlquist höchstens die Konsistenzordnung 4 haben können. Die Stufen der Darstellung (10.53) dagegen können Konsistenzordnungen $q_i \leq 6$ haben, so daß man zunächst (fälschlich!) meinen könnte, mit Stufen der Ordnung 5 und entsprechender Stabilisierung (nach dem Vorbild der zyklischen Verfahren) sei wenigstens die Konvergenzordnung 5 erreichbar. Ein solches Vorgehen scheitert aber an der Singularität von L für $q_i > 4$ (entsprechendes gilt für block-implizite Verfahren mit $N<M$).
Man beachte auch, daß das Verfahren (10.55) *eindeutig* bestimmt ist, wenn man für seine Stufen die maximale Ordnung 4 fordert!

10.6.2. Für allgemeines M=N gilt völlig analog: Ein block-implizites Einschrittverfahren mit M=N läßt sich stets auf die Normalform

$$\underbrace{\begin{pmatrix} y^*_{Mj-M+1} \\ y^*_{Mj-M+2} \\ \vdots \\ y^*_{Mj} \end{pmatrix}}_{z^*_j} = \underbrace{\begin{pmatrix} 0 \dots 0 & 1 \\ 0 \dots 0 & 1 \\ \dots\dots\dots & \\ 0 \dots 0 & 1 \end{pmatrix}}_{\hat{A}} \underbrace{\begin{pmatrix} y^*_{Mj-2M+1} \\ y^*_{Mj-2M+2} \\ \vdots \\ y^*_{Mj-M} \end{pmatrix}}_{z^*_{j-1}} + \underbrace{h\begin{pmatrix} \beta_o^{(1)} f^*_{Mj-M} + \beta_1^{(1)} f^*_{Mj-M+1} + \dots + \beta_M^{(1)} f^*_{Mj} \\ \beta_o^{(2)} f^*_{Mj-M} + \beta_1^{(2)} f^*_{Mj-M+1} + \dots + \beta_M^{(2)} f^*_{Mj} \\ \dots\dots\dots\dots\dots\dots \\ \beta_o^{(M)} f^*_{Mj-M} + \beta_1^{(M)} f^*_{Mj-M+1} + \dots + \beta_M^{(M)} f^*_{Mj} \end{pmatrix}}_{h\hat{\phi}(x_{j-1}, z^*_{j-1}, z^*_j; h)}$$

$$j=1(1)p \qquad (10.56)$$

mit $z^*_o=(0;\dots;\eta_o)^T \varepsilon \mathbb{R}^M$ zurückführen. Wegen der speziellen Gestalt von $\hat{A}$ folgt mit den Ergebnissen des Kapitels 4:

10.6.3. Lemma

Das block-implizite Einschrittverfahren (10.56) konvergiert für $y \varepsilon \mathbb{C}^{q+2}[a,b]$ mit der Ordnung (q+1), wenn seine letzte Stufe die Konsistenzordnung (q+1) hat und die restlichen Stufen die Konsistenzordnung q.

10.6.4. Beweis. $\hat{A}$ hat den einfachen Eigenwert $\mu_1=1$ und für $p:=(0;\dots;0;1)^T \varepsilon \mathbb{R}^M$ gilt $p^T\hat{A}=p^T$. Der lokale Ersetzungsfehler von (10.56) hat die Form $\delta_j=h^q y^{(q+1)}(x_j)t+\mathcal{O}(h^{q+1})$ mit $t=(c^{(1)}_{q+1};\dots;c^{(M-1)}_{q+1};0)^T \varepsilon \mathbb{R}^M$, $c^{(r)}_{q+1}$: Fehlerkonstante der r-ten Stufe. Somit ist die Ordnungsbedingung $p^T t=0$ erfüllt, die Behauptung folgt daher aus Korollar 4.5.7., Seite 47.

Damit läßt sich nun der folgende *Existenz- und Eindeutigkeitssatz für block-implizite Einschrittverfahren mit M=N* beweisen:

10.6.5. Satz

Zu jedem $M \in \mathbb{N}$ existiert genau ein block-implizites Einschrittverfahren mit M=N, welches für $y \in C^{p+1}[a,b]$ die Konvergenzordnung p hat mit

$$p = \begin{cases} M+1 & \text{für ungerades } M \\ M+2 & \text{für gerades } M \,. \end{cases} \tag{10.57}$$

10.6.6. Beweis. Die r-te Stufe von (10.56) enthält (M+1) Parameter $\beta_\ell^{(r)}$ $(\ell=0(1)M)$, die eindeutig bestimmt sind, wenn man die Konsistenzordnung q=M+1 fordert. Bei geradem M erfüllt die letzte Stufe als einzige auch noch Gleichung (9.20), Seite 120 (wegen $\alpha_k=1$, $\alpha_\ell=0$, $\ell=1(1)k-1$), $P_{k+2}(k)=P_{k+2}(0)=0$); sie hat daher die Ordnung M+2. Satz 10.6.5. folgt damit aus Lemma 10.6.3.

10.6.7. Watts und Shampine |85| zeigten, daß diese Verfahren für M=2 bis 8 *A-stabil* sind, für M=9 und 10 jedoch *nicht*. Sie bewiesen außerdem, daß sich für *jedes* $M \in \mathbb{N}$ *A-stabile* block-implizite Verfahren mit der Konvergenzordnung M+1 konstruieren lassen.

Für M=2 bis 6 sind die Koeffizienten $\beta_\ell^{(r)}$ der Verfahren (10.56) im folgenden Schema wiedergegeben:

M	r	$\beta_0^{(r)}$	$\beta_1^{(r)}$	$\beta_2^{(r)}$	$\beta_3^{(r)}$	$\beta_4^{(r)}$	
2	1	5/12	8/	-1/			(Alle Nenner wie bei $\beta_0^{(1)}$)
	2	4/	16/	4/			(10.58a)
3	1	9/24	19/	-5/	1/		
	2	8/	32/	8/	0		(10.58b)
	3	9/	27/	27/	9/		
4	1	251/720	646/	-264/	106/	-19/	
	2	232/	992/	192/	32/	- 8/	
	3	243/	918/	648/	378/	-27/	(10.58c)
	4	224/	1024/	384/	1024/	224/	

M	r	$\beta_0^{(r)}$	$\beta_1^{(r)}$	$\beta_2^{(r)}$	$\beta_3^{(r)}$	$\beta_4^{(r)}$	$\beta_5^{(r)}$	$\beta_6^{(r)}$	
	1	475/1440	1427/	-798/	482/	-173/	27/		
	2	448/	2064/	224/	224/	-96/	16/		
5	3	459/	1971/	1026/	1026/	-189/	27/		(10.58d)
	4	448/	2048/	768/	2048/	448/	0		
	5	475/	1875/	1250/	1250/	1875/	475/		
	1	19087/60480	65112/	-46461/	37504/	-20211/	6312/	-863/	
	2	18224/	90240/	528/	21248/	-12912/	4224/	-592/	
6	3	18495/	87480/	31347/	58752/	-19683/	5832/	-783/	(10.58e)
	4	18304/	89088/	24576/	96256/	11136/	3072/	-512/	
	5	18575/	87000/	31875/	80000/	58125/	28200/	-1375/	
	6	17712/	93312/	11664/	117504/	11664/	93312/	17712/	

10.6.8. Ebenso wie implizite RK-Verfahren erfordern die block-impliziten Verfahren (10.56) die Lösung eines nicht-linearen Gleichungssystems mit M·n Gleichungen (n: Dimension des Differentialgleichungssystems (1.1)). Der Zusammenhang zwischen beiden Verfahrenstypen ist nun aber nicht auf diese formale Gemeinsamkeit beschränkt, vielmehr sind die Verfahren (10.56) *mit gewissen impliziten RK-Verfahren identisch!*

Ersetzt man zum Beispiel beim Verfahren (10.58a):

$$
\begin{aligned}
y^*_{2j-1} &= y^*_{2j-2} + \frac{h}{12}(5f^*_{2j-2} + 8f^*_{2j-1} - f^*_{2j}); \quad y^*_0 = \eta_0 \\
y^*_{2j} &= y^*_{2j-2} + \frac{h}{3}(f^*_{2j-2} + 4f^*_{2j-1} + f^*_{2j}); \quad j = 1(1)p,
\end{aligned}
$$

die Schrittweite h durch h/2, so geht es über in:

$$
\begin{aligned}
y^*_{j-1/2} &= y^*_{j-1} + \frac{h}{24}(5f^*_{j-1} + 8f^*_{j-1/2} - f^*_j) \\
y^*_j &= y^*_{j-1} + \frac{h}{6}(f^*_{j-1} + 4f^*_{j-1/2} + f^*_j),
\end{aligned}
$$

d.h. man erhält das folgende 3-stufige, *implizite RK-Verfahren*:

$$y_j^*=y_{j-1}^*+\frac{h}{6}(k_1+4k_2+k_3) \ ; \quad y_o^*=\eta_o \ ; \quad j=1(1)m \qquad (10.59)$$
$$k_1=f(x_{j-1},y_{j-1}^*)$$
$$k_2=f(x_{j-1}+\frac{h}{2},y_{j-1}^*+\frac{h}{24}(5k_1+8k_2-k_3))$$
$$k_3=f(x_{j-1}+h,y_{j-1}^*+\frac{h}{6}(k_1+4k_2+k_3)) \ .$$

Es hat dasselbe charakteristische Polynom

$$Q(\mu;H)=\mu-\mu_1 \quad \text{mit } \mu_1=\frac{H^2+6H+12}{H^2-6H+12}$$

wie die implizite Gauss-Formel 4. Ordnung (7.19/20) (vgl. Seite 77) und erfordert denselben Rechenaufwand; ein Vorteil des Verfahrens (10.59) gegenüber der Gauss-Formel besteht darin, daß es auch an den Zwischenpunkten $x_{j-1/2}$ $(j=1(1)m)$ Approximationen 4. Ordnung liefert.

Mit der Konstruktion der Verfahren (10.56) ist somit zugleich eine *neue Art der Konstruktion (M+1)-stufiger, impliziter RK-Verfahren* der Form (8.44a/b) (vgl. Seite 103) mit $\alpha_i=\frac{(i-1)}{M}$ $(i=1(1)M+1)$ gefunden. Diese Verfahren haben die Ordnung $p=2\left[\frac{M}{2}+1\right]$ und ergeben Näherungen dieser Ordnung auch an den (M-1) äquidistanten Zwischenpunkten des Intervalls $[x_{j-1},x_j]$.

10.7. Äquivalente Â-Verfahren

10.7.1. Die Wahl von z_j^* und s gemäß (10.2) ist für eine allgemeine theoretische Behandlung der zyklischen Verfahren vorteilhaft, sie ist aber nicht die einzig mögliche. Im allgemeinen läßt sich ein Verfahren auf verschiedene Weise als Â-Verfahren darstellen.

Betrachten wir zum Beispiel das folgende 2-stufige 3-Schrittverfahren:

$$\begin{aligned} y_{2j+1}^* &= y_{2j-1}^* + h(\beta_3 f_{2j+1}^* + \beta_2 f_{2j}^* + \beta_1 f_{2j-1}^* + \beta_o f_{2j-2}^*) \\ y_{2j+2}^* &= \tfrac{1}{2} y_{2j+1}^* + \tfrac{1}{2} y_{2j}^* + h(b_3 f_{2j+2}^* + b_2 f_{2j+1}^* + b_1 f_{2j}^* + b_o f_{2j-1}^*). \end{aligned} \quad j=1(1)p, \qquad (10.60)$$

Wählt man gemäß (10.2): $z_j^* := (y_{2j}^*, y_{2j+1}^*, y_{2j+2}^*)^T$, so geht (10.60) über in die Darstellung

$$\begin{pmatrix} 1 & 0 & 0 \\ 0 & 1 & 0 \\ 0 & -\frac{1}{2} & 1 \end{pmatrix} \begin{pmatrix} y_{2j}^* \\ y_{2j+1}^* \\ y_{2j+2}^* \end{pmatrix} = \begin{pmatrix} 0 & 0 & 1 \\ 0 & 1 & 0 \\ 0 & 0 & \frac{1}{2} \end{pmatrix} \begin{pmatrix} y_{2j-2}^* \\ y_{2j-1}^* \\ y_{2j}^* \end{pmatrix} + h \begin{pmatrix} 0 \\ \beta_3 f_{2j+1}^* + \ldots + \beta_o f_{2j-2}^* \\ b_3 f_{2j+2}^* + \ldots + b_o f_{2j-1}^* \end{pmatrix}; \quad z_o^* = \begin{pmatrix} \eta_o \\ \eta_1(h) \\ \eta_2(h) \end{pmatrix}$$

der Form $z_o^* = \zeta_o(h)$; $Lz_j^* = Uz_{j-1}^* + h\phi(x_{j-1}, z_{j-1}^*, z_j^*; h)$, $j=1(1)p$. (10.61)

Multiplikation mit L^{-1} ergibt die Normalform

$$z_o^* = \zeta_o(h); \quad z_j^* = \hat{A} z_{j-1}^* + h\hat{\phi}(x_{j-1}, z_{j-1}^*, z_j^*; h), \quad j=1(1)p,$$

mit

$$\hat{A} = L^{-1}U = \begin{pmatrix} 0 & 0 & 1 \\ 0 & 1 & 0 \\ 0 & \frac{1}{2} & \frac{1}{2} \end{pmatrix}; \quad L^{-1} = \begin{pmatrix} 1 & 0 & 0 \\ 0 & 1 & 0 \\ 0 & \frac{1}{2} & 1 \end{pmatrix}; \quad s=3;$$

$$\hat{\phi}(x_{j-1}, z_{j-1}^*, z_j^*; h) = L^{-1}\phi_j = \begin{pmatrix} 0 \\ \beta_3 f_{2j+1}^* + \ldots + \beta_o f_{2j-2}^* \\ b_3 f_{2j+2}^* + (b_2 + \frac{\beta_3}{2}) f_{2j+1}^* + (b_1 + \frac{\beta_2}{2}) f_{2j}^* + (b_o + \frac{\beta_1}{2}) f_{2j-1}^* + \frac{\beta_o}{2} f_{2j-2}^* \end{pmatrix}.$$

Man kann z_j^* aber auch gemäß: $z_j^* := (y_{2j+1}^*, y_{2j+2}^*, hf_{2j}^*, hf_{2j+1}^*)^T$ definieren. Man erhält dann die folgende Darstellung der Form (10.61):

$$\begin{pmatrix} 1 & 0 & -\beta_2 & -\beta_3 \\ -\frac{1}{2} & 1 & -b_1 & -b_2 \\ 0 & 0 & 1 & 0 \\ 0 & 0 & 0 & 1 \end{pmatrix} \begin{pmatrix} y_{2j+1}^* \\ y_{2j+2}^* \\ hf_{2j}^* \\ hf_{2j+1}^* \end{pmatrix} = \begin{pmatrix} 1 & 0 & \beta_o & \beta_1 \\ 0 & \frac{1}{2} & 0 & b_o \\ 0 & 0 & 0 & 0 \\ 0 & 0 & 0 & 0 \end{pmatrix} \begin{pmatrix} y_{2j-1}^* \\ y_{2j}^* \\ hf_{2j-2}^* \\ hf_{2j-1}^* \end{pmatrix} + h \begin{pmatrix} 0 \\ b_3 f_{2j+2}^* \\ f_{2j}^* \\ f_{2j+1}^* \end{pmatrix}. \qquad (10.62)$$

In diesem Fall ist s=4 und

$$\hat{A} = \begin{pmatrix} 1 & 0 & \beta_o & \beta_1 \\ \frac{1}{2} & \frac{1}{2} & \frac{1}{2}\beta_o & \frac{1}{2}\beta_1 + b_o \\ 0 & 0 & 0 & 0 \\ 0 & 0 & 0 & 0 \end{pmatrix} ; \quad \hat{\phi}_j = \begin{pmatrix} \beta_2 f_{2j}^* + \beta_3 f_{2j+1}^* \\ (\frac{1}{2}\beta_2 + b_1) f_{2j}^* + (\frac{1}{2}\beta_3 + b_2) f_{2j+1}^* + b_3 f_{2j+2}^* \\ f_{2j}^* \\ f_{2j+1}^* \end{pmatrix} ;$$

$$\zeta_o(h) = \begin{pmatrix} \eta_1(h) \\ \eta_2(h) \\ hf(x_o, \eta_o) \\ hf(x_1, \eta_1) \end{pmatrix}.$$

Die nächsten Abschnitte zeigen, daß die Wahl von z_j^* unter Einschluß von Funktionswerten f_ℓ^* in gewissen Fällen sinnvoll ist.

10.7.2. Bezeichne T eine reguläre (s,s)-Matrix und $b_j^* \in \mathbb{R}^s$ Vektoren, deren Komponenten Linearkombinationen geeignet gewählter Funktionswerte f_ℓ^* sind. Dann überführt die Transformation

$$w_j^* = Tz_j^* + hb_j^* \qquad (10.63)$$

das Â-Verfahren $z_j^* = \hat{A}z_{j-1}^* + h\hat{\phi}(x_{j-1}, z_{j-1}^*, z_j^*; h)$

in das Verfahren: $w_j^* = T\hat{A}T^{-1}w_{j-1}^* + h(T\hat{\phi}_j + b_j^* - T\hat{A}T^{-1}b_{j-1}^*)$,

dessen Matrix $\hat{A}_1 = T\hat{A}T^{-1}$ dieselben Elementarteiler wie Â hat.

10.7.3. Definition

Zwei Verfahren

$$z_j^* = \hat{A}z_{j-1}^* + h\hat{\phi}(x_{j-1}, z_{j-1}^*, z_j^*; h) \qquad j=1(1)p \qquad (10.64)$$

$$w_j^* = \hat{A}_1 w_{j-1}^* + h\hat{\phi}_1(x_{j-1}, w_{j-1}^*, w_j^*; h) \qquad (10.65)$$

nennen wir *äquivalent*, wenn sie durch die Transformation (10.63) ineinander übergehen.

10.7.4. Hat das Verfahren (10.64) mit dem Startvektor $z_0^* = \zeta_0(h)$ die Konvergenzordnung q, so konvergiert auch (10.65) mit der Ordnung q für alle Startwerte $w_0^* = \omega_0(h)$ mit

$$\omega_0(h) = T\zeta_0(h) + hb_0^* + \mathcal{O}(h^q) \ . \qquad (10.66)$$

Die Bedeutung der Transformation (10.63) liegt darin, daß (10.65) bei geeignet gewähltem $\omega_0(h)$ *weniger Startwerte* benötigt als (10.64)! Man beachte hierzu die nachfolgenden *Beispiele*.

10.7.5. Das Verfahren mit der Konvergenzordnung 4 von Adams-Moulton:

$$y_{j+2}^* = y_{j+1}^* + \frac{h}{24}(9f_{j+2}^* + 19f_{j+1}^* - 5f_j^* + f_{j-1}^*), \quad j=1(1)m-2, \qquad (10.67)$$

benötigt 3 Startwerte: $y_0^* = \eta_0$, $y_1^* = \eta_1(h)$, $y_2^* = \eta_2(h)$.

Mit $z_j^* := (y_{j+1}^*, y_{j+2}^*, hf_j^*)^T$ hat es die folgende Normalform:

$$\begin{pmatrix} y_{j+1}^* \\ y_{j+2}^* \\ hf_j^* \end{pmatrix} = \begin{pmatrix} 0 & 1 & 0 \\ 0 & 1 & \frac{1}{24} \\ 0 & 0 & 0 \end{pmatrix} \begin{pmatrix} y_j^* \\ y_{j+1}^* \\ hf_{j-1}^* \end{pmatrix} + \frac{h}{24} \begin{pmatrix} 0 \\ 9f_{j+2}^* + 19f_{j+1}^* - 5f_j^* \\ 24f_j^* \end{pmatrix} ; \quad \zeta_o(h) = \begin{pmatrix} \eta_1(h) \\ \eta_2(h) \\ hf(x_o, \eta_o) \end{pmatrix}$$

$$j=1(1)m-2.$$

Die Transformation

$$\underbrace{\begin{pmatrix} y_{j+1}^* \\ y_{j+2}^* \\ \bar{y}_{j+1}^* \end{pmatrix}}_{w_j^*} \underset{=}{=} \underbrace{\begin{pmatrix} 1 & 0 & 0 \\ 0 & 1 & 0 \\ 0 & 1 & \frac{1}{12} \end{pmatrix}}_{T} \underbrace{\begin{pmatrix} y_{j+1}^* \\ y_{j+2}^* \\ hf_j^* \end{pmatrix}}_{z_j^*} + \underbrace{\frac{h}{12} \begin{pmatrix} 0 \\ 0 \\ -5f_{j+2}^* - 8f_{j+1}^* \end{pmatrix}}_{hb_j^*} ; \quad T\hat{A}T^{-1} = \begin{pmatrix} 0 & 1 & 0 \\ 0 & \frac{1}{2} & \frac{1}{2} \\ 0 & \frac{1}{2} & \frac{1}{2} \end{pmatrix} \tag{10.68}$$

ergibt das folgende äquivalente Verfahren (vgl. (10.65)):

$$\begin{pmatrix} y_{j+1}^* \\ y_{j+2}^* \\ \bar{y}_{j+1}^* \end{pmatrix} = \begin{pmatrix} 0 & 1 & 0 \\ 0 & \frac{1}{2} & \frac{1}{2} \\ 0 & \frac{1}{2} & \frac{1}{2} \end{pmatrix} \begin{pmatrix} y_j^* \\ y_{j+1}^* \\ \bar{y}_j^* \end{pmatrix} + \frac{h}{24} \begin{pmatrix} 0 \\ 9f_{j+2}^* + 24f_{j+1}^* + 3f_j^* \\ -f_{j+2}^* + 8f_{j+1}^* + 5f_j^* \end{pmatrix}, \quad j=1(1)m-2. \tag{10.69}$$

Wie man leicht nachprüft, gilt:

$$\omega_o(h) := \begin{pmatrix} \eta_1 \\ \eta_2 \\ \eta_1 \end{pmatrix} = T\zeta_o(h) + hb_o^* + \mathcal{O}(h^4) \tag{10.70}$$

d.h. insbesondere, daß die Bedingung (10.66) mit dem Startwert $\bar{y}_1^* = \eta_1$ erfüllt ist. Damit erfordert (10.69) lediglich *zwei* Startwerte, η_1 und η_2. Läßt man die erste Stufe (Trivialstufe) unbeachtet und wählt man eine neue Indizierung, so daß der erste Startwert (gemäß der bisherigen Praxis) den Index 0 hat, so erhält (10.69) die folgende Form:

$$\begin{aligned} y^*_{j+1} &= \tfrac{1}{2}y^*_j+\tfrac{1}{2}\bar{y}^*_{j-1}+\tfrac{h}{24}(9f^*_{j+1}+24f^*_j+3f^*_{j-1}) \\ \bar{y}^*_j &= \tfrac{1}{2}y^*_j+\tfrac{1}{2}\bar{y}^*_{j-1}+\tfrac{h}{24}(-f^*_{j+1}+8f^*_j+5f^*_{j-1}) \end{aligned} \qquad j=1(1)m-1 \qquad (10.71)$$

$$y^*_o=\bar{y}^*_o=\eta_o;\quad y^*_1=\eta_1(h).$$

(10.71) ist ein zweistufiges Verfahren, bei dem nach jedem "Vorwärtsschritt" y^*_{j+1} die Näherung y^*_j durch den korrigierten Wert $\bar{y}^*_j$ ersetzt wird, bevor ein nächster Vorwärtsschritt ausgeführt wird.

Beide Stufen von (10.71) haben die Konsistenzordnung q=3, nach Konstruktion konvergiert das Verfahren aber (für hinreichend differenzierbares y und bei Startwerten der Ordnung 4) mit der Ordnung 4. Wüßte man nichts über die Entstehung des Verfahrens (10.71), so ließe sich seine Konvergenzordnung 4 auch leicht mittels Korollar 4.5.7. (Seite 47) nachweisen. Wir empfehlen diesen Nachweis als Übung.

Man beachte, daß die entscheidende Relation für die Wahl der Transformation (10.63) die Gleichung (10.70) ist!

<u>10.7.6.</u> Das folgende (primitive) 2-zyklische 3-Schrittverfahren

$$\begin{aligned} y^*_{2j+1} &= y^*_{2j-1}+\tfrac{h}{12}(4f^*_{2j+1}+16f^*_{2j}+4f^*_{2j-1}) \\ y^*_{2j+2} &= y^*_{2j}\quad +\tfrac{h}{12}(5f^*_{2j+2}+12f^*_{2j+1}+10f^*_{2j}-4f^*_{2j-1}+f^*_{2j-2}) \end{aligned} \qquad j=1(1)p \quad (10.72)$$

$$y^*_o=\eta_o;\quad y^*_1=\eta_1(h);\quad y^*_2=\eta_2(h)$$

hat Stufen der Konsistenzordnung 4; für Startwerte der Ordnung 4 konvergiert es mit der Ordnung 4.

Mit $z_j^*:=(y_{2j+1}^*, y_{2j+2}^*, hf_{2j}^*)^T$ hat (10.72) die Normalform

$$\underbrace{\begin{pmatrix} y_{2j+1}^* \\ y_{2j+2}^* \\ hf_{2j}^* \end{pmatrix}}_{z_j^*} = \underbrace{\begin{pmatrix} 1 & 0 & 0 \\ 0 & 1 & \frac{1}{12} \\ 0 & 0 & 0 \end{pmatrix}}_{\hat{A}} \underbrace{\begin{pmatrix} y_{2j-1}^* \\ y_{2j}^* \\ hf_{2j-2}^* \end{pmatrix}}_{z_{j-1}^*} + \underbrace{\frac{h}{12}\begin{pmatrix} 4f_{2j+1}^*+16f_{2j}^*+4f_{2j-1}^* \\ 5f_{2j+2}^*+12f_{2j+1}^*+10f_{2j}^*-4f_{2j-1}^* \\ 12f_{2j}^* \end{pmatrix}}_{h\hat{\phi}_j} ;$$

$$j=1(1)p.$$

$$\zeta_o(h)=\begin{pmatrix} \eta_1 \\ \eta_2 \\ hf(x_o,\eta_o) \end{pmatrix}$$

Die (implizite) Transformation

$$\underbrace{\begin{pmatrix} y_{2j+1}^* \\ y_{2j+2}^* \\ \bar{y}_{2j+3}^* \end{pmatrix}}_{w_j^*} = \underbrace{\begin{pmatrix} 1 & 0 & 0 \\ 0 & 1 & 0 \\ 0 & 1 & \frac{1}{12} \end{pmatrix}}_{T} \underbrace{\begin{pmatrix} y_{2j+1}^* \\ y_{2j+2}^* \\ hf_{2j}^* \end{pmatrix}}_{z_j^*} + \underbrace{\frac{h}{12}\begin{pmatrix} 0 \\ 0 \\ 4\bar{f}_{2j+3}^*+11f_{2j+2}^*-4f_{2j+1}^* \end{pmatrix}}_{hb_j^*} \qquad (10.73)$$

ergibt mit

$$T^{-1}=\begin{pmatrix} 1 & 0 & 0 \\ 0 & 1 & 0 \\ 0 & -12 & 12 \end{pmatrix}; \qquad T\hat{A}T^{-1}=\begin{pmatrix} 1 & 0 & 0 \\ 0 & 0 & 1 \\ 0 & 0 & 1 \end{pmatrix}$$

und

$$T\hat{\phi}_j+b_j^*-T\hat{A}T^{-1}b_{j-1}^*=\frac{1}{12}\begin{pmatrix} 4f_{2j+1}^*+16f_{2j}^*+4f_{2j-1}^* \\ 5f_{2j+2}^*+12f_{2j+1}^*-f_{2j}^*-4\bar{f}_{2j+1}^* \\ 16f_{2j+2}^*+8f_{2j+1}^*+4\bar{f}_{2j+3}^*-4\bar{f}_{2j+1}^* \end{pmatrix}$$

das äquivalente Verfahren:

$$y^*_{2j+1}=y^*_{2j-1}+\frac{h}{12}(4f^*_{2j+1}+16f^*_{2j}+4f^*_{2j-1}) \qquad (10.74a)$$

$$y^*_{2j+2}=\bar{y}^*_{2j+1}+\frac{h}{12}(5f^*_{2j+2}+12f^*_{2j+1}-f^*_{2j}-4\bar{f}^*_{2j+1}) \qquad j=1(1)p \qquad (10.74b)$$

$$\bar{y}^*_{2j+3}=\bar{y}^*_{2j+1}+\frac{h}{12}(16f^*_{2j+2}+8f^*_{2j+1}+4\bar{f}^*_{2j+3}-4\bar{f}^*_{2j+1});\ y^*_1=\eta_1;\ y^*_2=\eta_2;\ \bar{y}^*_3=\bar{\eta}_3. \qquad (10.74c)$$

Wählt man hier $\bar{\eta}_3=y^*_3$, wobei y^*_3 der aus der ersten Stufe

$$y^*_3=\eta_1+\frac{h}{12}\left[4f(x_3,y^*_3)+16f(x_2,\eta_2)+4f(x_1,\eta_1)\right]$$

berechnete Wert ist, so ist das Verfahren (10.74a-c) äquivalent dem 2-zyklischen 2-Schrittverfahren

$$\begin{aligned} y^*_{2j+1}&=y^*_{2j-1}+\frac{h}{12}(4f^*_{2j+1}+16f^*_{2j}+4f^*_{2j-1}) \\ y^*_{2j+2}&=y^*_{2j+1}+\frac{h}{12}(5f^*_{2j+2}+8f^*_{2j+1}-f^*_{2j}) \end{aligned} \quad j=1(1)p \qquad (10.75)$$

mit den Startwerten $y^*_1=\eta_1$; $y^*_2=\eta_2$. Umindizierung überführt (10.75) in die bereits bekannte Form (1.13a/b), Seite 6.
Mit $\bar{\eta}_3=y^*_3$ ist (10.66) erfüllt, denn für Startwerte $\eta_1(h)$ und $\eta_2(h)$ der Ordnung 4 gilt:

$$\omega_o(h)-T\zeta_o(h)-hb^*_o=\begin{pmatrix} 0 \\ 0 \\ \eta_1-\eta_2+\frac{h}{12}(5f(x_2,\eta_2)+8f(x_1,\eta_1)-f(x_o,\eta_o)) \end{pmatrix}=\mathcal{O}(h^4).$$

Das Verfahren (10.75) hat daher die Konvergenzordnung 4, obwohl die 2. Stufe nur die Konsistenzordnung q=3 besitzt.

Dieses Beispiel zeigt, daß man geeignet gewählte zyklische k_1-Schrittverfahren hoher Ordnung mit stabilen Stufen durch die Transformation (10.63) in zyklische k_2-Schrittverfahren gleicher Ordnung mit $k_2<k_1$ transformieren kann und umgekehrt. Die in Kapitel 5 erwähnte Methode von Donelson und Hansen zur Berechnung zyklischer k-Schrittverfahren maximaler Ordnung beruht letztlich auf diesem Prinzip.

11. Zur Wahl eines »besten« Integrationsprogramms

Am Ende dieser Darstellung einer sehr großen Zahl verschiedener Verfahren mag sich der Leser verwirrt fragen, welches Verfahren er denn nun für seine Differentialgleichungsprobleme wählen soll. In Paragraph 8.12. wurde schon angemerkt, daß es keine eindeutigen Kriterien gibt, die es erlauben, zu einem bestimmten Problem das optimale Verfahren zu finden. Wir müssen uns daher darauf konzentrieren, Programmpakete zu entwickeln, die für möglichst viele, verschiedene Probleme zuverlässig funktionieren. Dabei sei daran erinnert, daß ein Programm ja nicht nur aus einer geeigneten Integrationsformel besteht, sondern daß seine Leistungsfähigkeit ganz wesentlich auch von anderen Faktoren abhängt, insbesondere von

- der Kontrolle des lokalen Ersetzungsfehlers,
- der Strategie zur Wahl der geeigneten Schrittweite und (falls variabel) auch der Ordnung im jeweiligen Rechenschritt,
- dem Kriterium zur Annahme oder Ablehnung eines Näherungswertes.

In den letzten Jahren wurden zahlreiche, gute Programmpakete erstellt, bei denen diese Faktoren dem augenblicklichen Entwicklungsstand entsprechend berücksichtigt sind. Enright, Hull et al. |24|, |25|, |41| haben eine Reihe von ihnen ausführlich getestet und kamen dabei zu den folgenden Ergebnissen:

1. Ist die rechte Seite f der Differentialgleichung "*aufwendig*"[1], so liefern die Adams-Moulton-Verfahren mit variabler Ordnung (vgl. Paragraph 9.3.) bei breitgestreuten Genauigkeitsanforderungen die besten Ergebnisse; empfohlen werden die Programme DVDQ von Krogh und VOAS von Sedgwick.

[1] Als Faustregel sei darunter eine Funktion verstanden, deren Auswertung mehr als (ungefähr) 25 arithmetische Operationen erfordert.

2. Die Runge-Kutta-Fehlberg-Formeln p-ter Ordnung (vgl. Paragraph 8.9) mit Schrittweitensteuerung durch eingebettete Verfahren sind die besten bei *nicht aufwendigem* f, *wenn* p entsprechend den Genauigkeitsanforderungen gewählt wird. Allerdings ist (wegen ihrer festen Ordnung) keine dieser Formeln für *alle* Genauigkeitsanforderungen geeignet. Auch der Gragg-Bulirsch-Stoer-Extrapolationsalgorithmus (vgl. Paragraph 9.10) liefert gute Ergebnisse; empfohlen wird das Programm DIFSY1, das eine verbesserte Version früherer Codes von Clark und von Crane und Fox darstellt.

3. Bei *steifen* Problemen sind spezielle Programme zu wählen; ein guter Code stammt von Gear |31| und basiert auf den Differentiationsformeln des Abschnitts 9.3.2. Er liefert jedoch schwache Ergebnisse, wenn die Eigenwerte der Funktionalmatrix von f nahe der imaginären Achse liegen (das liegt daran, daß die Formel 6-ter Ordnung in einem großen Bereich nahe der imaginären Achse nicht absolut stabil ist[1]). Enright, Hull und Lindberg haben noch zwei konkurrenzfähige andere Programme (TRAPEX und SDBASIC) für steife Probleme entwickelt, die diesen Nachteil nicht, dafür aber andere Schwächen haben. Einzelheiten entnehme man |25|.

   An Programmen basierend auf steif-stabilen, zyklischen Verfahren wird gearbeitet; ein erstes Ergebnis ist der Code STINT von Picel, Bickart und Tendler |59|. Man darf erwarten, daß sich auf diesem Wege weitere, gute Programme für steife Differentialgleichungen ergeben werden.

---

[1] Die Stabilitätsbereiche dieser Formeln findet man auf Seite 216 von Gear |31|.

Literatur

|1| Albrecht, P.: On the order of composite multistep methods for ordinary differential equations. Numer. Math. 29, 381-396 (1978).

|2| - Explicit, optimal stability functionals and their application to cyclic discretization methods. Computing 19, 233-249 (1978).

|3| - Métodos de discretização. 9. Coll. Bras. Mat., IMPA, Rio de Janeiro, 1973.

|4| - Zum Stabilitätsbegriff von Diskretisierungsverfahren. Jahrbuch Überblicke Mathematik 1978, 107-130, B.I. Wissenschaftsverlag, 1978.

|5| Bettis, D.G. (Ed.): Proceedings of the conference on the numerical solution of ordinary differential equations. Vol. 362, Lecture Notes in Math., Springer 1974.

|6| Bickart, T.A.; Picel, Z.: High order stiffly stable composite methods for numerical integration of stiff differential equations. BIT 13, 272-286 (1973).

|7| -; Burgess, D.A.; Sloate, H.M.: High order A-stable composite multistep methods for numerical integration of stiff differential equations. Proc. 9th Annual Allerton Conf. on Circuit and System Theory, Univ. of Illinois, 465-473 (1971).

|8| Bulirsch, R.; Stoer, J.: Numerical treatment of ordinary differential equations by extrapolation methods. Numer. Math. 8, 1-13 (1966).

|9| Butcher, J.C.: On the convergence of numerical solutions to ordinary differential equations. Math. Comp. 20, 1-10 (1966).

|10| - Implicit Runge-Kutta processes. Math. Comp. 18, 50-64 (1964).

|11| - A modified multistep method for the numerical integration of ordinary differential equations. J. Assoc. Comp. Mach. 12, 124-135 (1965).

|12| - On Runge-Kutta processes of high order. J. Austral. Math. Soc. 4, 179-194 (1964).

|13| - The effective order of Runge-Kutta methods. Lecture Notes in Mathematics, Vol. 109, 133-139, Springer 1969.

|14| Chartres, B.; Stepleman, R.: A general theory of convergence for numerical methods. SIAM J. Numer. Anal. 9, 476-492 (1972).

|15| Ceschino, F.; Kuntzmann, J.: Numerical solution of initial value problems. Englewood Cliffs, Prentice Hall 1966.

|16| Collatz, L.: The numerical treatment of differential equations. Berlin, Springer 1960.

|17| Cryer, C.W.: A new class of highly-stable methods. BIT 13, 153-159 (1973).

|18| Dahlquist, G.: Convergence and stability in the numerical integration of ordinary differential equations. Math. Scand. 4, 33-53 (1956).

|19| - Stability and error bounds in the numerical integration of ordinary differential equations. Trans. Roy. Inst. Techn. Stockholm No. 130, 1956.

|20| Daniel, J.M.; Moore, R.E.: Computation and theory in ordinary differential equations. San Francisco, Freeman 1970.

|21| Donelson, J.; Hansen, E.: Cyclic composite multistep predictor-corrector-methods. SIAM J. Numer. Anal. 8, 137-157 (1971).

|22| Ehle, B.L.: On Padé approximations to the exponential function and A-stable methods for the numerical solution of initial value problems. Thesis, Univ. of Waterloo, 1969.

|23| Enright, W.H.: Studies in the numerical solution of stiff ordinary differential equations. Univ. of Toronto, Tech. Report No. 46, 1972.

|24| -; Hull, T.E.: Test results on initial value methods for non-stiff ordinary differential equations. SIAM J. Numer. Anal. 13, 944-961 (1976).

|25| -; Hull, T.E.; Lindberg, B.: Comparing numerical methods for stiff systems of ordinary differential equations. BIT 15, 10-48 (1975).

|26| Fehlberg, E.: Klassische Runge-Kutta Formeln fünfter und siebenter Ordnung mit Schrittweitenkontrolle. Computing 4, 93-106 (1969).

|27| - Klassische Runge-Kutta Formeln vierter und niedrigerer Ordnung mit Schrittweitenkontrolle und ihre Anwendung auf Wärmeleitungsprobleme. Computing 6, 61-71 (1970).

|28| Gear, C.W.: The automatic integration of ordinary differential equations. Comm. Assoc. Comp. Mach. 14, 176-179 (1971).

|29| - The automatic integration of stiff ordinary differential equations. Information Processing 68, Vol. 1, 187-193, North-Holland 1969.

|30| - Estimation of errors and derivatives in ordinary differential equations. Report IFIP-Congress 1974.

|31| - Numerical initial value problems in ordinary differential equations. Englewood Cliffs, Prentice-Hall 1971.

|32| -; Tu, K.W.: The effect of variable mesh size on the stability of multistep methods. Univ. of Illinois, Dept. of Comp. Science, Report 570, 1973.

|33| -; Tu, K.W.; Watanabe, D.S.: The stability of automatic programs for numerical problems. In Willoughby (Ed.): Stiff Differential Systems, 111-121, N.Y., Plenum Press 1974.

|34| -; Watanabe, D.S.: Stability and convergence of variable order multistep methods. Univ. of Illinois, Dept. of Comp. Science, Report 571, 1973.

|35| Gragg, W.B.; Stetter, H.J.: Generalized multistep predictor-corrector methods. J. Assoc. Comp. Mach. 11, 188-209 (1964).

|36| Grigorieff, R.D.: Numerik gewöhnlicher Differentialgleichungen I, II. Stuttgart, Teubner 1972, 1977 (Bd. II in in Zusammenarbeit mit H.J. Pfeiffer).

|37| Haines, C.F.: Implicit integration processes with error estimation of the numerical solution of differential equations. Comp. J. 12, 183-187 (1969).

|38| Hall, G.; Enright, W.H.; Hull, T.E.; Sedgwick, A.E.: DETEST, a program for comparing numerical methods for ordinary differential equations. Univ. of Toronto, Tech. Report 60, 1973.

|39| Henrici, P.: Discrete variable methods in ordinary differential equations. N.Y., John Wiley, 1962.

|40| - Error propagation for difference methods. N.Y., John Wiley 1963.

|41| Hull, T.E.; Enright, W.H.; Felten, B.M; Sedgwick, A.E.: Comparing numerical methods for ordinary differential equations. SIAM J. Numer. Anal. 9, 603-637 (1972).

|42| Jeltsch, R.: Stiff stability and its relation to A_0- and A(O)-stability. SIAM J. Numer. Anal. 13, 8-17 (1976).

|43| - Stiff stability of multistep multiderivative methods. SIAM J. Numer. Anal. 14, 760-772 (1977).

|44| Klopfenstein, R.W.; Millman, R.S.: Numerical stability of a one-evaluation predictor-corrector algorithm for numerical solutions of ordinary differential equations. Math. Comp. 22, 557-564 (1968).

|45| Krogh, F.T.: Predictor-corrector methods of higher order with improved stability characteristics. J. Assoc. Comp. Mach. 13, 374-385 (1966).

|46| - Algorithms for changing the stepsize used by a multistep method. SIAM J. Numer. Anal. 10, 949-965 (1973).

|47| - A variable step, variable order multistep method for the numerical solution of ordinary differential equations. Proc. Information Processing 68, Vol. 1, 194-199, North-Holland 1969.

|48| Lambert, J.D.: Predictor-corrector methods with identical regions of stability. SIAM J. Num. Anal. 8, 337-344 (1971).

|49| - Computational methods in ordinary differential equations. N.Y., John Wiley 1973.

|50| Lapidus, L.; Seinfeld, J.: Numerical solution of ordinary differential equations. N.Y., Academic Press 1971.

|51| Lawson, D.: An order five Runge-Kutta process with extended region of stability. SIAM J. Numer. Anal. 3, 593-597 (1966).

|52| Lindberg, B.: Optimal stepsize sequences and requirements for the local error for methods for (stiff) differential equations. Univ. of Toronto, Tech. Report 67, 1974.

|53| Liniger, W.: A criterion for A-stability of linear multistep integration formulae. Computing 3, 280-285 (1968).

|54| -; Willoughby, R.A.: Efficient integration methods for stiff systems of ordinary differential equations. SIAM J. Numer. Anal. 7, 47-66 (1970).

|55| Mihelčić, M.: Fast A-stabile Donelson-Hansensche zyklische Verfahren zur numerischen Integration von "stiff"-Differentialgleichungssystemen. Angew. Informatik 7, 299-305 (1977).

|56| Nordsieck, A.: On numerical integration of ordinary differential equations. Math. Comp. 16, 22-49 (1962).

|57| - Automatical numerical integration of ordinary differential equations. AMS Proc. Symp. Appl. Math. 15, 241-250 (1973).

|58| Odeh, F.; Liniger, W.: A note on unconditioned fixed-h stability of linear multistep formulae. Computing 7, 240-253 (1971).

|59| Picel, Z.; Bickart, T.A.; Tendler, J.M.: STINT, stiff ordinary differential equations integrator. Syracuse Univ., Tech. Report 1976.

|60| Richardson, L.F.: The approximate arithmetical solution by finite differences of physical problems involving differential equations. Philos. Trans. Roy. Soc. London, Ser A 210, 307-357 (1910).

|61| - The deferred approach to the limit. Philos. Trans. Roy. Soc. London, Ser A 226, 299-361 (1927).

|62| Rosenbrock, H.H.: Some general implicit processes for the numerical solution of differential equations. Comp. J. 5, 329-330 (1963)

|63| Rosser, J.B.: A Runge-Kutta for all seasons. SIAM Rev. 9, 417-452 (1967)

|64| Sarafyan, D.: Multi-order property of Runge-Kutta formulas and error estimation. Louisiana State Univ., Tech. Report 29, 1967.

|65| Sedgwick, A.: An efficient variable order variable step Adams method. Univ. of Toronto, Tech. Report 53, 1973.

|66| Shampine, L.F.: Stiffness and nonstiff differential equation resolvers II: Detecting stiffness with Runge-Kutta methods. Assoc. Comp. Mach. TOMS 3, 44-53 (1977).

|67| -; Gordon, M.K.: Computer solution of ordinary differential equations: The initial value problem. San Francisco, Freeman 1975.

|68| -; Gordon, M.K.: Local error and variable order Adams codes. Appl. Math. and Comp. 1, 47-66 (1975)

|69| -; Gordon, M.K.: Typical problems for stiff differential equations. SIGNUM Newsletter 10 (1975)

|70| -; Watts, H.A.: Block implicit one-step methods. Math. Comp. 23, 731-740 (1969)

|71| -; Watts, H.A.: A-stable block implicit one-step methods. BIT 12, 252-266 (1972).

|72| Skeel, R.: Analysis of fixed-stepsize methods. SIAM J. Numer. Anal. 13, 271-300 (1976).

|73| -; Kong, A.K.: Blended linear multistep methods. ACM TOMS 3, 326-345 (1977).

|74| Sloate, H.M.; Bickart, T.A.: A-stable composite multistep methods. J. Assoc. Comp. Mach. 20, 7-26 (1973).

|75| Spijker, M.N.: Stability and convergence of finite-difference methods. Thesis, University of Leiden 1968.

|76| - On the structure of error estimates for finite-difference methods. Numer. Math. 18, 73-100 (1971).

|77| - On the possibility of two-sided error bounds in the numerical solution of initial value problems. Numer. Math. 26, 271-300 (1976).

|78| Stetter, H.J.: Analysis of discretiazation methods for ordinary differential equations. Berlin, Springer 1973.

|79| - Cyclic finite-difference methods for ordinary differential equations. Conference on the numerical solution of differential equations, 134-143, Springer 1974.

|80| - Local estimation of the global discretization error, SIAM J. Numer. Anal. 8, 512-523 (1971).

|81| - Improved absolute stability of predictor-corrector schemes. Computing 3, 286-296 (1968).

|82| Tendler, J.M.: A stiffly-stable integration process using cyclic composite methods. Thesis, Syracuse Univ., 1973.

|83| -; Bickart, T.A.; Picel, Z.: A stiffly stable integration process using cyclic composite methods. Erscheint in Assoc. Comp. Mach. TOMS

|84| Wanner, G.: Integration gewöhnlicher Differentialgleichungen. Mannheim BI 1969.

|85| Watts, H.A.; Shampine, L.F.: A-stable block-implicit one-step methods. BIT 12, 252-266 (1972).

|86| Widlund, O.B.: A note on unconditionally stable linear multistep methods. BIT 7, 65-70 (1967).

|87| Willoughby, R.A. (Ed.): Stiff differential systems. N.Y., Plenum Press 1974.

Weiterführende Literaturhinweise:

Babuška, I.; Prager, M.; Vitásek, E.: Numerical processes in differential equations. SNTL Prag 1966.

Filippi, S.; Kraska, E.: Neue verallgemeinerte Multistep-Methoden. ZAMM 48 (1968), H.8.

Fuchs, F.: A-stability of Runge-Kutta-methods with single and multiple nodes. Computing 16 (1976), S.39-48.

Griepentrog, E.: Mehrschrittverfahren zur numerischen Integration von gewöhnlichen Differentialgleichungssystemen und asymptotische Exaktheit. Wiss.Z. der Humboldt-Univ.Berlin, Math.-Nat.R. 14 (1970), H.6.

Griepentrog, E.: Numerische Integration steifer Differentialgleichungssysteme mit Einschrittverfahren. Beiträge zur Numerischen Mathematik 8, Berlin 1978.

Gorbunov, A.D.; Šebalina, O.P.: Prädiktor-Korrektor-Verfahren mit optimalen Korrekturformeln (russ.). Sbornik Vyčislitel'nye metody i programmirovanie, Moskau 1965.

Lozinskij, S.M.: Über Quadraturformeln und Einschrittverfahren zur numerischen Integration unter Benutzung von Ableitungen (russ.). Vestnik Leningradskogo Univ. 1 (1975).

Mäkälä, M.: On a generalized interpolation approach to the numerical integration of ordinary differential equations. Ann.Acad. Sc.Fennicae, Ser.A, I Math. 503 (1971).

Opitz, G.: Einheitliche Herleitung einer umfassenden Klasse von Interpolationsformeln und Anwendung auf die genäherte Integration von gewöhnlichen Differentialgleichungen. ISNM 9(1968).

Pankrat'ev, V.G.: Über die Effektivität numerischer Integrationsverfahren für gewöhnliche Differentialgleichungen (russ.). Sbornik Mat.metody modelirovanija v kosmičeskich issl., Moskau 1971.

Prager, M.; Taufer, J. Vitásek, E.: Overimplicite multistep methods. Aplikace Matematiky 18 (1973), S.399-421.

Strehmel, K.: Ein neues Differenzenschemaverfahren zur Lösung von Anfangswertaufgaben für gewöhnliche Differentialgleichungen. Beiträge zur Numerischen Mathematik 1, Berlin 1974

Vitásek, E.: The numerical stability in solutions of differential equations. Lecture Notes in Math. 109 (1969), S. 87-112.

Zavorin, A.N.; Chesina, I.Ja.: Über einige numerische Verfahren zur Lösung steifer gewöhnlicher Differentialgleichungssysteme (russ.). Žurnal vyč.mat. i mat.fiz. 13 (1973), H.1.

Index

A-stabil 73,105,109,117,167,170

A(α)-stabil 73

A(o)-stabil 73

Â-Norm 32

Â-stabil 32,34

Â-Stabilität 32,34
,Verallgemeinerung der 43

Â-Verfahren 8
,äquivalente 175
,Normalform 8

absolut stabil 68

Adams-Bashforth-Verf. 114
-Moulton-Verf. 116

äquivalente Â-Verfahren 175
Stabilitätsfunktionale 31

Bereich absoluter Stabilität 70

block-implizites Verf. 60,167

Butcher 91,93,105

Bulirsch 135

Calahan-Formel 109

charakteristisches Polynom 68,157

Cryer 118

Dahlquist 8,36,73
-Barriere 36,146

DETEST 107

Donelson 51

Du Fort-Frankel,Verfahren von 41

eingebettete Verfahren 96

Einschrittverfahren 2,80,167

Enright 180

Ersetzungsfehler
,globaler 27,133
,lokaler 15, 23,54

erzeugendes Polynom 3

Euler-Verfahren 2,84
,implizites 75
,modifiziertes 6,85
,verbessertes 81,86

explizites Verfahren 3,5,36,80,113

Extrapolation
Richardson- 134

Extrapolationsalgorithmus 137

Fehlberg 93,99,101

Fehler, globaler 37,133
, lokaler 15, 23,54

Fehlerkonstante 20

Fehlerschranken
,zweiseitige 28,42

Gauss-Formeln 105,172

Gear 110,133,181

Gill 89

globaler Ersetzungsfehler 27,133

Gragg-Bulirsch-Stoer-Algorithmus 137,180

Haines-Formel 108

Hansen 51

Hauptwurzel 68

Henrici 133

Heun 85

Hilfssystem 51

Hull 180

implizite Verfahren 3,5,36,84,103,158
block- 60,167

instabil 34,38,63,121

Jeltsch 117

k-Schrittverfahren 2,112,140
,lineare 3,112,140
,steif-stabile 117,156,160, 164
Parametrisierung von 122

konsistent 14,17,12

Konsistenzbedingung 21

Konsistenzordnung 15,17,23,30, 36,47,126

konvergent 29

Konvergenzordnung 29,30,36,47, 80,112,141,170

Konvergenzsatz 30
für Einschrittverf. 80
für Mehrschrittverf. 112
für zyklische Verf. 55,141

Korrektor 4

Krogh 180

Kutta's 3/8-Verfahren 89

Lawson-Formel 92

lineares Verfahren 3,112,140

lokaler Ersetzungsfehler 15,23,54

Luther-Formel 92

M-zyklisches Verfahren 5

M=2,k=3-Verfahren 5

Mehrschrittverfahren 2,112,140
,explizite 3, 80,113
,implizite 3
,lineare 3,112,140
,M-zyklische 5
,mehrstufige 5
,steif-stabile 117,156,160
Parametrisierung von 122

midpoint-rule 6,115

Mika 43

Milne-Simpson
,Verfahren von 6,116

modifiziertes Euler-Verf. 6,85

Nebenwurzel 25

Newton-Cotes-Formeln 113

Neville-Algorithmus 135

Normalform für Â-Verfahren 8

Nyström 115

Ordnung 80
,Konsistenz- 15,17,23,30, 36,47,126
,Konvergenz- 29,30,36,47, 80,112,141,170

Ordnungsbedingung 45,56,146,159

Padé-Approximation 105

Parametrisierung 122

Polynom
,charakteristisches 68,157
,erzeugendes 3

Prädiktor 4

Prädiktor-Korrektor-Verf. 4
Konsistenzordnung von 126
lokaler Fehler von 132
Stabilitätsbereiche v. 128

P-C-Verfahren 4

$P(EC)^s$-Verfahren 4

$P(EC)^sE$-Verfahren 4

Produktdarstellung von Â 143

relativ stabil 68

Richardson-Extrapolation 95,134

Rosenbrock-Formel 108

Runge-Kutta-Verfahren
,explizite 83
höherer Ordnung 91
,implizite 84,103,171
,klassisches 89
,r-stufige 83,105
,semi-implizite 103,107

Runge-Kutta-Fehlberg Verf. 99,101

Sarafyan-Formel 92,98

Schrittweitensteuerung 94,133,138

schwach stabil 34

schwaches Wurzelkriterium 8

selbststartend 111

semi-implizit 103,107

Shampine-Test 101

Skeel 50

Spijker 43,46
-Norm 29,34

stabil 28,34,38,63
,Â- 32
,A- 73,105,109, 117,167,170
,A(α)- 73
,A(o)- 73
,absolut 68
,relativ 68
,schwach 34
,stark 34
,steif- 73,117,118

Stabilität
bezüglich einer Norm 28
einer Differentialgleichung 63
für festes h 65
linearer k-Schrittverfahren 35
von P-C-Verfahren 37
zyklischer Verfahren 38

Stabilitätsbereich 70,157
von P-C-Verfahren 128

Stabilitätsfunktional 28,33
,äquivalentes 31
maximaler Ordnung 44
,minimales 31,50
,optimales 42,50
,vergleichbares 50

stark stabil 34

starkes Wurzelkriterium 8

steif-stabil 73,117,118

steife Differentialgleichung 72,181

Steifheitstest 101

Stetter 50,133,147

Stoer, Algorithmus von 135

Stufe 5,83

Taylor-Verfahren 82

Trapezverfahren 76

Trivialstufe 12

Verfahren
,Â- 8
,Adams-Bashforth- 114
,Adams-Moulton 116
,äquivalente Â- 175
,block-implizite 60,167
,Butcher- 91,93
,Calahan 109
,Cryer-Jeltsch- 118
,Donelson-Hansen- 151
,Du Fort-Frankel- 41
,eingebettete 96
,Einschritt- 2,80,167
,Euler- 2,6,75,81
,explizite 3,36,80,113
,Extrapolations- 137
,Fehlberg- 93
,Gauss- 77,105
,Gill- 89
,Gragg-Bulirsch-Stoer- 137
,Heines- 108
,Heun- 85
,implizite 3,36,84,103, 158
,k-Schritt- 2,112
,Kutta's 3/8- 89
,Lawson- 92
,lineare 3,112,140
,Luther- 92
,M-zyklische 5
,Mehrschritt- 2,112
,mehrstufige 5
,midpoint- 6,115
,Milne-Simpson- 6,116
mit Ableitungen 82
mit Zwischenpunkten 7
,Nyström- 115
,Prädiktor-Korrektor 4
,Rosenbrock- 108
,Runge-Kutta- 83
,Sarafyan- 92,98
,semi-implizite 103,107
,Taylor- 82
,Trapez- 76
,zyklische 5,140

Wärmeleitungsgleichung 16,39

Watts 170

Widlund 74

Wurzelkriterium 8
,Dahlquistsches 10
,schwaches 8
,starkes 8

zyklische Verfahren 5,140
,explizite 5,157
,implizite 5,157
maximaler Ordnung 150
,primitive 47
,steif-stabile 156,160,164

Bei Fragen zur Produktsicherheit wenden Sie sich bitte an:
If you have any questions regarding product safety,
please contact:

Walter de Gruyter GmbH
Genthiner Straße 13
10785 Berlin
productsafety@degruyterbrill.com